EXPÉDITION
DES « ALMUGAVARES »
OU ROUTIERS CATALANS
EN ORIENT
DE L'AN 1302 A L'AN 1311

PAR

GUSTAVE SCHLUMBERGER
DE L'INSTITUT

Ouvrage accompagné d'une carte

PARIS
LIBRAIRIE PLON
PLON-NOURRIT ET C¹ᵉ, IMPRIMEURS-ÉDITEURS
8, RUE GARANCIÈRE — 6ᵉ

1902
Tous droits réservés

EXPÉDITION

DES «ALMUGAVARES»

ou ROUTIERS CATALANS

EN ORIENT

DU MÊME AUTEUR, A LA MÊME LIBRAIRIE

Renaud de Châtillon, prince d'Antioche, seigneur de la terre d'Outre-Jourdain. Un vol. in-8° orné de gravures... **7 fr. 50**

PARIS. TYP. PLON-NOURRIT ET Cⁱᵉ, 8, RUE GARANCIÈRE. — 3059.

EXPÉDITION
DES « ALMUGAVARES »
OU ROUTIERS CATALANS
EN ORIENT
DE L'AN 1302 A L'AN 1311

PAR

GUSTAVE SCHLUMBERGER
DE L'INSTITUT

Ouvrage accompagné d'une carte

PARIS
LIBRAIRIE PLON
PLON-NOURRIT et Cⁱᵉ, IMPRIMEURS-ÉDITEURS
8, RUE GARANCIÈRE — 6ᵉ

1902

A

mes très chers amis et confrères

de l'Académie des Inscriptions et Belles-Lettres

Anatole de **BARTHÉLEMY**

Antoine **HÉRON** de **VILLEFOSSE**

Henri **THÉDENAT**

En souvenir de longues années de profonde

et intime amitié!

INTRODUCTION

Mon désir est de faire connaître en ce volume à quelques curieux épris des choses d'autrefois l'étrange, romanesque, héroïque, barbare et sanglante odyssée à travers les plus vieilles provinces asiatiques et européennes de l'empire d'Orient des célèbres bandes de mercenaires espagnols plus connues sous le nom générique de *Compagnies catalanes*, odyssée qui se termina, dans les premières années du quatorzième siècle, par la fondation extraordinaire d'un duché espagnol dans la ville de Minerve et de Périclès. Il n'est pas, me semble-t-il, parmi tous les fastes parfois si prodigieux du moyen âge oriental, d'aventure plus inouïe, plus imprévue, plus dramatique et plus attachante que cette nouvelle expédition de la Toison d'or, cette nouvelle *Anabase* aussi, cet exode de tout un peuple de routiers nés au pied des fraîches Pyrénées, vers les antiques rivages de la Bithynie, de la Troade, de l'Ionie, de la Thrace, de la Macédoine, de la Thessalie et de l'Attique ; il n'en est pas de plus inconnue du public lettré. Bien des gens, ayant beaucoup lu, beaucoup vu, beaucoup appris, considére-

a

raient aujourd'hui encore avec quelque stupéfaction
railleuse le narrateur audacieux qui ne craindrait pas
de leur raconter les hauts faits de soldats espagnols
combattant en Asie, à Philadelphie, à Éphèse, jusqu'au pied du Taurus lointain, sous la bannière d'un
Paléologue de Byzance, vers l'an 1300, ou les annales
d'un florissant duché d'Athènes fondé aux pentes du
Parthénon par ces mêmes *condottieri* de Catalogne,
d'Aragon ou de Navarre. Et cependant, plus favorisée
que bien d'autres, cette grande expédition d'aventuriers qui mit l'empire des successeurs de Constantin à deux doigts de sa perte a eu son brillant et
véridique chroniqueur qui fut à la fois acteur dans
cette magnifique et guerrière épopée et l'historiographe attitré des bandes catalanes. Mais si la
vivante et savoureuse chronique de Ramon Muntaner est connue de tous les Espagnols grâce surtout
au livre fameux de Francisco de Moncada dont la
première édition parut en 1623 (1) et qui demeurera
toujours un modèle exquis de la grande et belle lit-
térature classique castillane alors que la langue

(1) *Expedicion de los Catalanes y Aragoneses contra Turcos y
Griegos.* — La *Chronique* du « très magnifique seigneur Ramon
Muntaner » est consacrée à la gloire et aux faits et gestes du
chevaleresque roi Pierre III d'Aragon et de ses plus proches successeurs. L'expédition des Catalans en Orient n'est qu'un des
épisodes les plus importants de cette épopée.

espagnole était encore dans toute la pureté de son génie, il en est tout autrement dans notre France.

En dehors de Buchon et de sa sèche traduction de Muntaner enfouie parmi cet amas indigeste de documents sur l'histoire de la Grèce au moyen âge qu'il assembla il y a plus d'un demi-siècle avec une si infatigable ardeur, je ne crois pas que personne se soit jamais occupé sérieusement dans notre pays de faire connaître au public amoureux des choses de l'histoire cet épisode extraordinaire entre tous de la présence de quelques milliers de Catalans et d'Aragonais en armes, tout puissants en Asie Mineure, puis en Grèce, au début du quatorzième siècle. Le lecteur ne m'en voudra certainement pas de chercher à éveiller sa curiosité sur des faits aussi romanesques, aussi peu connus (1).

(1) Pour la *Bibliographie* de l'histoire de la Compagnie catalane en Orient à partir de l'an 1302. voyez C. Hopf, *Geschichte Griechenlands vom Beginn des Mittelalters bis auf unsere Zeit*, p. 380-381 (t. LXXXV, 1re section, de l'*Encyclopédie* d'Ersch et Gruber), et aussi le mémoire de D. A. Rubió y Lluch intitulé : *La Expedición y Dominación de los Catalanes en Oriente juzgadas por los Griegos* (*Memorias de la Real Acad. de Buenas Letras*, t. IV. Barcelone, 1883). En dehors de Ramon Muntaner et de Fr. de Moncada, les historiens principaux des hauts faits de la Compagnie catalane sont deux chroniqueurs byzantins contemporains : avant tout Pachymère, dont l'histoire se termine en 1308, puis immédiatement après lui Nicéphore Grégoras.

EXPÉDITION

DES « ALMUGAVARES »

OU ROUTIERS CATALANS

EN ORIENT

DE L'AN 1302 A L'AN 1311

CHAPITRE PREMIER

La paix de Calatabellota, en 1302, laisse sans emploi, donc sans
pain, les vieilles bandes des guerres de Sicile, connues sous le
nom de « Compagnies catalanes ». — Origine et débuts de
leur chef Roger de Flor. — Il offre leurs services au basileus
Andronic Paléologue contre les Turks. — Arrivée de la flotte
catalane à Constantinople. — Festins et réjouissances. Mariage
de Roger qui est créé mégaduc. Rixe avec les Génois. — Les
Catalans débarquent en Asie et battent cruellement les Turks.
Ils hivernent à Cyzique. — Au printemps de 1303, ils s'enfon-
cent en Asie Mineure. Leur marche victorieuse sur Philadelphie qu'ils débloquent.

La paix de Calatabellota, conclue en 1302,
vingt ans après la date sanglante des Vêpres
siciliennes, entre les Aragonais prétendant à
la couronne de Sicile comme héritiers du roi

1

Manfred et les Angevins de Naples, en mettant par le mariage de Frédéric d'Aragon avec
Éléonore d'Anjou un terme aux longues et terribles guerres qui avaient couvert de ruines la
Sicile et le midi de la Péninsule italienne,
avait laissé sans emploi, sans solde, par conséquent sans pain, les célèbres vieilles bandes
qui, sous le nom de « Compagnies catalanes »,
avaient, durant ce long espace de temps, avec
leurs capitaines éprouvés, servi sous la bannière de trois rois : don Pèdre, dit le Grand,
roi d'Aragon, et ses deux fils, don Jayme, roi
d'Aragon, et don Fadrique ou Frédéric III,
roi de Sicile. Ces fameux aventuriers, fortement constitués en groupe, de compagnies
franches sous la direction de chefs excellents,
comptaient parmi les meilleures troupes d'Europe. « En Sicile ils avaient, dit Moncada,
leur illustre compatriote et historien, triomphé
dans cinq combats sur mer et gagné sur terre
trois batailles rangées, sans compter les rencontres importantes, la prise de plusieurs
places fortes et la défense de plusieurs autres

soutenue avec une opiniâtreté sans exemple
et des efforts de valeur qui passent encore aujourd'hui notre croyance. » Ce nom de « Catalans » leur venait de la province espagnole
d'où la plupart d'entre eux étaient originaires,
mais on comptait encore parmi eux de nombreux Navarrais, des gens de l'Aragon, de
Majorque, de la Cerdagne, du Roussillon,
même du Bas-Languedoc. Ils s'appelaient encore très souvent Almugavares ou Almoga-
vares, de l'étrange nom d'origine arabe donné
à cette époque du moyen âge aux gens de pied
recrutés en Espagne. Au nombre de plusieurs
milliers, ils avaient été contre les troupes franco-
italiennes de Charles d'Anjou et de son fils
Charles II les plus fermes et les plus valeureux
soutiens des princes de la maison d'Aragon et
n'avaient pas peu contribué au succès définitif
de ceux-ci.

La paix conclue, le roi don Fadrique de
Sicile, ce jeune et héroïque chef d'un royaume
épuisé par tant d'années de luttes incessantes,
sans argent, sans crédit, se trouvait dans l'im-

possibilité de conserver plus longtemps à sa solde une aussi coûteuse et encombrante milice. Les Almugavares, ces parfaits routiers, ne pouvaient, du reste, vivre que par la guerre. Habitués dès longtemps à la vie aventureuse et insouciante des camps, à l'existence libre, large, sans frein des longues guerres italiennes du moyen âge, ces *condottieri* d'Ibérie, véritables précurseurs des bandes fameuses du duc d'Albe et des guerres des Pays-Bas, ne sachant à quelle cause rattacher leur insolente et vénale bannière, jetaient les yeux à la ronde, cherchant de toutes parts un souverain qui voulût bien, en payant grassement leurs services, leur permettre de poursuivre cette carrière vagabonde, devenue pour eux une nécessité, que la diplomatie italienne venait de si brusquement interrompre. Surtout les Almugavares ne pouvaient songer à rentrer en Espagne, où don Jayme d'Aragon, brouillé avec eux depuis qu'ils avaient pris parti pour son frère don Fadrique, alors que ce dernier avait usurpé la couronne de Sicile, les eût fort mal accueillis. Leur activité guerrière fût d'ailleurs demeurée sans emploi dans leur pays d'origine.

Cette singulière république militaire, chefs et soldats, se trouvait donc dans une situation fort embarrassante, et ces rudes routiers blâmaient au fond de leur cœur ce roi de Sicile assez osé pour signer une paix qui leur ôtait le pain de la bouche. Résolus à se donner un chef suprême, ils choisirent parmi leurs principaux capitaines un homme sorti de rien, mais déjà presque illustre : « le Latin Roger », Roger de Flor, alors déjà vice-amiral de Sicile, soldat distingué parmi les plus braves, marin aussi heureux qu'habile. Ce personnage légendaire qui devait jouer en Orient un rôle si extraordinaire, ce « fils du Diable », que devaient tant maudire les Byzantins infortunés, était, affirment les chroniqueurs, d'origine allemande. Le vrai nom de son père était « Blum », qui, suivant un usage commun à cette époque, fut traduit par un équivalent italien. Ce fut une nature pleine d'audace, sans peur comme sans principes, totalement dépourvue de sens moral, avide de toutes les jouissances, infiniment cupide, type accompli de ces chefs d'aventuriers du moyen âge qui traitaient d'égal à égal avec les souverains, fondaient des dynasties, renversaient des royaumes.

Roger, par sa grande fortune, surpassait en richesse tous les autres capitaines de bandes. Ce fut là le motif principal de son élection. Autant les futures destinées de ce personnage allaient être brillantes, autant misérables avaient été ses débuts. Fils cadet d'un des plus beaux hommes de son temps, Richard Blum ou « de Flor », fauconnier du grand empereur excommunié Frédéric II de Hohenstauffen, et d'une très riche fille noble de Brindisi, Roger, né vers 1266, avait perdu de fort bonne heure son père, tué dans la bataille de Tagliacozzo, où périt la fortune du touchant Conradin. Les biens de sa famille ayant été confisqués par le roi Charles, sa mère, qui avait continué à vivre à Brindes, y était rapidement tombée dans l'indigence.

« Or, en ce temps-là, raconte l'historien Muntaner, auquel je vais constamment recourir tout du long de cette épopée, les nefs des Messinois venaient relâcher à Brindes. Là venaient hiverner aussi ceux de la Pouille, qui voulaient transporter hors du royaume · des pèlerins ou des provisions... Les nefs qui venaient hiverner commençaient dès le printemps à faire leur chargement pour aller à Acre, et prenaient des chargements de pèlerins ou d'huile, ou de vin ou de toutes sortes de graines ou de froment. Assurément c'est le lieu le plus propre au passage d'Outre-mer qui soit dans toute la chrétienté, et de plus situé sur une terre abondante en tous biens et assez proche de Rome, et il s'y trouve le meilleur port du monde, car les maisons s'avancent jusque dans la mer.

« Par la suite, lorsque ledit enfant Roger eut environ huit ans, il advint qu'un prud'homme, frère servant du Temple, nommé frère Vassal, lequel était natif de Marseille et était commandeur d'une nef du Temple, et bon marin, vint

hiverner pendant une saison à Brindes avec sa
nef, et il fit lester sa nef et la fit radouber en
Pouille. Pendant qu'il faisait radouber sa nef,
cet enfant Roger allait çà et là par la nef et
par les œuvres avec la même légèreté que s'il
eût été un petit mousse, et tout le jour il était
avec eux, car la maison de sa mère était très
voisine du lieu où la nef se tenait en relâche.
Ce brave frère Vassal s'attacha tellement audit
enfant Roger qu'il l'aimait comme s'il eût été
son fils. Il le demanda à sa mère et lui dit que,
si elle le lui confiait, il ferait son possible pour
qu'il fût un brave Templier. La mère, voyant
qu'il était un prud'homme, le lui confia volontiers, et lui le reçut.

« L'enfant Roger devint le plus expert novice
en mer ; c'était merveille de le voir monter aux
cordages et exécuter toutes les manœuvres. Si
bien que, quand il eut quinze ans, il fut tenu,
en ce qui concerne la pratique, pour un des
bons marins du monde, et quand il eut vingt
ans, il fut bon marin de théorie et de navigation. Si bien que ce frère Vassal lui laissait

faire de la nef à toutes ses volontés. Le grand maître du Temple, qui le vit si ardent et si brave, lui donna le manteau de Templier et le fit frère servant.

« Peu de temps après qu'il eut été reçu frère Templier, le Temple acheta des Génois une grande nef, la plus grande qui eût été faite en ce temps-là, et elle avait nom *le Faucon*, et on la confia audit frère Roger de Flor. Cette nef navigua longtemps, habilement et avec grande valeur, si bien qu'avec sa nef, frère Roger se trouva à Acre; et l'Ordre du Temple fut si satisfait du service de cette nef, que de tant et tant de nefs qu'il y avait on n'en aimait aucune autant que celle-là. »

Roger donc s'était trouvé dans les eaux de Saint-Jean d'Acre lors du siège fameux qui, en 1291, après une résistance désespérée, fit tomber aux mains du sultan d'Égypte, Mélek Aschraf Kélaoun, l'antique Ptolémaïs, cet ultime et tragique débris des royautés chrétiennes d'Outre-mer. En cette circonstance suprême, lorsque tous les derniers guerriers latins de Syrie, chevaliers des trois Ordres ou nobles Chypriotes, se faisaient héroïquement hacher pour permettre à la foule des vieillards, des femmes, des enfants de s'embarquer, le Templier Roger, après s'être distingué durant le siège par divers exploits, après avoir pris un étendard et tué de sa main ie chef ennemi, ne rougit point, paraît-il, d'extorquer aux malheureuses dames chrétiennes qui se réfugiaient à son bord des sommes considérables, fondement de son immense fortune future (1). Chassé du Temple pour cet acte infâme, accusé surtout d'avoir soustrait et gardé l'argent de l'Ordre dans le tumulte de cette catastrophe, forcé de fuir devant les poursuites du grand maître, dénoncé par ce dernier au terrible pape Boniface comme voleur et apostat, contraint pour son salut d'abandonner sa nef dans le port de

(1) Ramon Muntaner, ami particulier de Roger, un de ses lieutenants dans toutes ses grandes aventures, présente ces accusations portées contre son héros comme l'œuvre d'envieux de sa gloire; mais le témoignage défavorable des historiens grecs, de Pachymère et autres, semble bien formel. Moncada a naturellement suivi l'opinion de Muntaner.

Marseille, il se réfugia finalement à Gênes. Là, avec l'aide de divers amis, de Ticino d'Oria ou Doria en particulier, « il acheta de longues nefs et mit en course sur les Sarrasins ». Il devint ainsi, suivant l'expression même du chroniqueur grec contemporain Pachymère, « un pirate formidable ». Il s'associa un grand nombre de compagnons et n'aspira plus qu'aux bouleversements. Il n'en ménagea pas davantage pour cela les chrétiens dans ses expéditions, plus semblables à celles d'un corsaire que d'un moine guerrier. A la tête de quelques chevaliers et d'une foule de combattants débandés, il infesta toutes les côtes ennemies et acquit ainsi d'immenses richesses. Enfin, après plusieurs années de cette vie de rapines, quand le roi Fadrique de Sicile, auquel il s'adressa après avoir été repoussé par Robert d'Anjou, eut fait de lui, grâce au hasard des circonstances qui l'avaient amené à lui à Messine sur sa bonne galère *l'Olivelle,* grâce surtout à la renommée de ses hauts faits, le vice-amiral de sa flotte et un membre de son conseil, il ne changea rien à ses violences accoutumées. Il fut pour les Angevins et les Français un adversaire infatigable autant que sans pitié. De rapides et puissantes expéditions de pillage incessamment dirigées contre les côtes de la Provence, du Napolitain, de Pise, de Gênes, de Catalogne, d'Espagne et de Barbarie, lui permirent, en saisissant partout les riches nefs du roi Charles, souvent aussi les nefs amies, en gênant constamment les opérations de l'ennemi, en supprimant à chaque instant ses approvisionnements, d'amasser de véritables trésors, en même temps qu'il remplissait incessamment à nouveau les coffres toujours vides de son indigent souverain. « Ce serait chose infinie, s'écrie Muntaner, d'énumérer le butin qu'il eut et aussi le bien qu'il fit à Messine, à Reggio et à toute la contrée; ce fut vraiment une grande chose! »

Le roi Fadrique, plein de gratitude pour l'homme qui, en détruisant la marine napolitaine, avait plus que tout autre contribué à lui conserver sa jeune couronne, donna encore à

Roger deux forts châteaux ainsi que les reve-
nus de l'île de Malte. L'heureux aventurier
soudoya pour son service particulier diverses
compagnies catalanes et aragonaises et se lia
d'amitié avec les principaux chefs de ces fameux aventuriers. Ces chefs, en dehors de lui,
étaient au nombre de trois principaux : Bérenger d'Entença, Fernand Ximénès de Arenos,
tous deux seigneurs d'illustre naissance, et Bérenger de Rocaforte ou Roçafort. Nous allons
voir les noms glorieux de ces trois *condottieri*
resplendir à chaque page de cette histoire.

Tout semblait donc aller au mieux pour
l'heureux aventurier. Mais très subitement,
lorsque la paix fort inattendue de Calatabellota
eut tout à coup changé la face des événements,
Roger de Flor, « le frère Roger », comme on
l'appelait encore, se retrouva dans une situation singulièrement fâcheuse. Le grand maître
du Temple voulut se faire livrer le frère infidèle, menaçant de le faire passer en jugement.
Au milieu des fêtes brillantes célébrant à Messine la conclusion de la paix, « frère Roger,

dit Muntaner, était en grande pensée sur ce qui devait advenir tôt ou tard, et il était le plus habile homme à voir venir les choses de loin ».

Le péril était grand pour notre héros. Voulant y faire face, il prit une décision audacieuse et engagea résolument à sa solde, grâce aux sommes très considérables qu'il avait amassées, les meilleurs parmi ces fameux mercenaires catalans que la paix venait de laisser sans emploi. Il en embaucha deux mille d'un coup. Confirmé aussitôt après par le roi comme chef suprême de toutes ces bandes, qui, connaissant ses exploits, avaient en lui une confiance aveugle, il n'hésita pas sur le choix du souverain qui pourvoirait désormais à la solde de ces mercenaires et lui fournirait ainsi l'occasion d'échapper à ses ennemis et de satisfaire à nouveau son insatiable ambition. De concert avec ses lieutenants, il fit offrir les services des Almugavares au basileus de Constantinople, le vieil Andronic II Paléologue, qui, vivement pressé par les Turks en Asie, avait le plus grand besoin en ce moment du puissant secours de ces bandes redoutables pour ne pas succomber dans une lutte inégale. Il lui fit dépêcher à cette intention deux de ses chevaliers sur sa plus rapide galère.

« D'après les bruits les plus accrédités, dit Moncada, l'on croyait savoir en Sicile qu'Andronic, ne pouvant se fier à ses troupes grecques, cherchait des secours chez les nations étrangères, et qu'il les accueillerait avec empressement. Personne n'ignorait en outre que ce prince était en mauvaise intelligence avec le pape : motif de tranquillité pour Roger de Flor, qui, redoutant le souverain pontife, craignait toujours de se voir réclamer par lui auprès du roi Frédéric. »

Après avoir résolu cette grande et lointaine expédition en ces contrées inconnues, après s'être concertés sur les moyens de l'exécuter, les capitaines des bandes réunis en conseil chargèrent Roger de Flor de se rendre auprès du roi Fadrique à Messine pour la lui communiquer et pour le supplier au nom de tous de reconnaître et d'avouer cette entreprise par l'assistance qu'il daignerait lui accorder. Ainsi fut fait. Reçu par le souverain en audience secrète, Roger assura celui-ci de l'éternelle dévotion de toute la Compagnie. Le roi répondit avec effusion et donna son plein assentiment au projet élaboré par les capitaines. On se sépara dans les meilleurs termes.

Il ne restait qu'à connaître la réponse du basileus Andronic. Muntaner avait assisté au conseil suprême où les deux envoyés de la Compagnie reçurent leurs instructions dernières.

Roger de Flor avait à cette intention rédigé un véritable traité d'alliance, traité prodigieusement en sa faveur du reste, qu'il offrait à la signature du débile empereur de Constantinople.

Pachymère, l'historien byzantin contemporain qui nous a le plus parlé des Catalans et de leurs prouesses en pays de Roum, nous a laissé un bref autant que curieux portrait du célèbre capitaine. « C'était, dit-il, un homme dans la fleur de l'âge, d'un aspect terrible, prompt dans tous ses gestes, bouillant dans toutes ses actions. » Roger de Flor parlait couramment la langue des Grecs.

Après l'éphémère prospérité qui avait suivi le triomphe de Michel Paléologue sur les empereurs latins de Constantinople, la rentrée des armées byzantines dans la Ville gardée de Dieu et l'abaissement en Orient de l'influence vénitienne au profit de celle de Gênes, le vieil empire des basileis, successeurs de Constantin, était retombé vers les dernières années du treizième siècle au plus profond des embarras séculaires qui le menaient lentement, mais sûrement, à une ruine définitive. La puissance des Porphyrogénètes, défendue à travers tant de siècles et de si grands périls par tant de grands et illustres empereurs, croulait maintenant de toutes parts. Sans cesse menacés et attaqués sur leurs frontières d'Europe par les Bulgares, les Serbes, les Albanais, peuples guerriers et féroces, sans cesse en lutte tant avec les despotes grecs indépendants d'Épire ou de Thes-

salie qu'avec les ducs et seigneurs francs
d'Attique et de Morée, les Byzantins voyaient
d'autre part les derniers lambeaux de leur
antique puissance en Asie sur le point de leur
échapper pour devenir la proie des hordes
musulmanes victorieuses. Lorsque la ruine du
grand empire des sultans seldjoukides d'Iconium ou de Roum qui avaient régné sur la majeure partie de l'Asie Mineure, lorsque cette
ruine déterminée par les grandes invasions
mongoles de la première moitié du treizième
siècle fut devenue un fait définitif, on avait vu
s'élever sur toute cette vaste portion de l'Anatolie qui n'appartenait plus aux Grecs un certain
nombre de souverainetés indépendantes, dont
sept principales, toutes fondées par des émirs
de race turque ou turkomane. La plupart de ces
fondateurs de dynastie imposèrent leurs noms
mêmes aux principautés qu'ils avaient créées,
et, chose curieuse, quelques-uns de ces noms
sont encore aujourd'hui ceux des provinces
correspondantes ou *villayets* de l'empire turc.
Parmi ces « rois de l'Asie Mineure » figuraient

en première ligne les princes de Tekke qui s'intitulaient « rois d'Anatolie »; les Karamans de Cilicie et d'Iconium; les seigneurs de Kaste-mouni et de Sinope sur la mer Noire; les princes de Karasi, descendants de Kalam, seigneurs en Mysie et à Pergame; les Osmans, princes de Bithynie, dont le représentant était alors Othman, le célèbre fondateur de la puissance ottomane; les princes de Ssarukhan, fils d'Omar-beg, « nouveaux satrapes de Lydie », qui résidaient à Magnésie du Sipyle et commandaient à soixante mille cavaliers; ceux d'Aïdin ou d'Ionie qui s'étaient bâti un puissant château à Ayasolouk, l'Alto-luogo des marchands italiens du moyen âge, sur une butte à quelques mètres des ruines du grand temple de la Diane éphésienne, et qui régnaient encore à Smyrne et dans le reste de la Lydie; ceux de Mentesche sur le Méandre à Mylasa et en Carie; ceux de Kermian en Phrygie et en Lycaonie résidant à Kotyæon; ceux de Hamid en Pisidie; bien d'autres encore. Tous ces princes belliqueux ·n'avaient qu'une haine :

Byzance; un désir : la détruire. Tous étaient sans cesse en guerre avec les Paléologues détestés, tous profitaient des embarras de toutes sortes des basileis, de la pénurie d'hommes et d'argent qui les accablait, pour leur enlever ville après ville, château après château. Les îles mêmes dans le sud de l'Archipel leur payaient tribut. A de si nombreux et redoutables adversaires, le basileus Andronic n'avait plus guère à opposer que d'impuissantes milices et des mercenaires recrutés parmi la lie du peuple ou parmi les nations barbares, soldats braves, mais mal payés, qui avaient plus d'intérêt à piller qu'à combattre et se débandaient à la première alerte comme au premier sujet de mécontentement. Le célèbre et antique corps des Værings scandinaves, dont la majeure partie était du reste absorbée par la garde personnelle du basileus et dont l'importance numérique était aussi fort diminuée, avait perdu sa vieille réputation. Les cavaliers mercenaires alains qui, formant une horde de plusieurs milliers de guerriers, sous la conduite suprême du second basileus Michel, avaient combattu les Turks avec intrépidité, ne cachaient pas leur violent mécontentement. Le grand hétériarque Muzalon en Bithynie, à la tête des troupes purement grecques, avait reculé devant Othman jusqu'à Nicomédie, sur la mer même de Marmara! Le jeune basileus adjoint, Michel IX, malgré ses incontestables talents militaires, après une retraite désastreuse de Magnésie jusqu'à Pergame d'abord, puis de Pergame jusqu'à Cyzique, n'avait pu, lui aussi, s'arrêter qu'à Pegæ, à quelques lieues de cette même mer de Marmara, et ces catastrophes successives, jointes au massacre du grand domestique Raoul par les Alains révoltés, l'avaient tellement désespéré qu'il était tombé gravement malade. Le basileus son père lui avait envoyé en hâte des médecins et aussi l'huile qui avait brûlé dans les lampes lors de la célébration d'une messe à la Vierge ordonnée par lui en faveur de son fils. Au moment précis où le moine chargé de ce précieux envoi s'embarquait, Michel s'était senti mieux et était tombé dans un sommeil plus tranquille au cours duquel il avait cru voir une dame superbement vêtue qui lui enlevait un clou de l'endroit ou était le siège du mal. Les onctions avec l'huile sainte achevèrent sa guérison.

La situation des vieilles provinces d'Asie était donc effroyable. Les neuf dixièmes du territoire de l'Asie Mineure se trouvaient aux mains des Turks ou du moins exposés à leurs incessantes et diaboliques incursions. Partout la ruine, le désert; partout les campagnes en friche, les villages abandonnés; partout l'ennemi turkoman venant jusqu'aux rivages de Marmara, jusqu'au pied des dernières forteresses chrétiennes, insulter à grands cris le basileus Michel et ses timides légions.

Même les Vénitiens, ayant à se plaindre du vieil Andronic, avaient résolu de se faire justice directement. Une flotte de vingt de leurs navires avait un jour en plein midi pénétré dans la Corne d'or et bloqué insolemment le palais impérial des Blachernes, y jetant par dérision des flèches et d'autres projectiles, tandis que des corsaires amenés de Candie et de Négrepont pillaient, brûlaient et ravageaient les îles des Princes, torturant et rançonnant les malheureux habitants. Il avait fallu compter quatre mille besants d'or à ces bandits pour les décider à se retirer. Les Vénitiens, de leur côté, avaient obtenu satisfaction sur toute la ligne.

Ce fut dans ces circonstances douloureuses, si graves, au milieu des angoisses poignantes pour l'existence même de l'empire, au bruit des terrifiants progrès des Turks en Asie Mineure qui déjà s'approchaient de Pruse, l'antique métropole de Bithynie, que la cour consternée des Paléologues vit débarquer les deux chevaliers espagnols envoyés par l'amiral Roger de Flor, généralissime des Compagnies catalanes licenciées par le roi Frédéric d'Aragon. « Plût au ciel qu'il n'en eût jamais été ainsi ! » s'écrie lamentablement le chroniqueur national Pachymère dans son récit de l'accueil infiniment empressé que le basileus et ses ministres firent aux rudes messagers d'Occident, se doutant peu des calamités nouvelles autant qu'effroyables qui allaient fondre avec ceux-ci sur les malheureuses provinces de l'empire.

J'ai dit que Roger avait posé à son intervention en faveur des Byzantins des conditions presque inouïes. L'audacieux aventurier ne demandait rien moins pour lui que la main d'une princesse de la famille impériale, prétention alors véritablement prodigieuse, avec le titre de grand-duc ou mégaduc suivant la forme byzantine; puis, pour ses compagnons, quatre mois de solde d'avance avec promesse de pouvoir conserver cette solde tant qu'ils voudraient demeurer dans le Levant. Aussitôt que les messagers eurent été expédiés, le fils du fauconnier, confiant dans son étoile, avait tenu la chose pour faite, « parce que, dit Muntaner, il avait grand renom en la maison de l'empereur, et qu'au temps où il conduisait la nef de l'Ordre du Temple nommée le *Faucon,* il avait rendu de nombreux services aux nefs de l'empereur qu'il avait rencontrées outre-mer et qu'il parlait fort couramment le grec ».

Muntaner nous a conservé le texte de la libre et fière harangue prononcée par le plus âgé des deux ambassadeurs à la première audience qui leur fut accordée par le basileus Andronic. « Dieu a béni, dit-il, le succès de nos armes; Charles d'Anjou et Frédéric d'Aragon ont fait la paix. Mais les Catalans et les Aragonais, loin de chercher dans leur patrie un repos inutile, sont résolus d'accroître par de nouveaux exploits la gloire qui les a si long-temps couronnés. Leur armée réunit, pour le nombre comme pour la valeur, des forces capables de parvenir à ce noble but, des troupes exercées par une guerre longue et périlleuse et des capitaines connus par l'éclat de leurs victoires et la noblesse de leur sang. Si Votre Majesté accepte, contre les Turks, le secours que nous sommes chargés de lui offrir, les Catalans et les Aragonais auront la double satisfaction d'occuper leurs armes en faveur des Paléologues, seuls amis de la maison d'Aragon dans le temps de ses malheurs, et d'étendre l'empire de Votre Majesté, en détruisant l'injuste puissance que les ennemis du nom chrétien voudraient, avec tant d'orgueil et d'audace, établir, aux dépens des Grecs, sur des provinces usurpées. »

Andronic II et Michel IX, les deux basileis, le père et le fils, accueillirent avec joie les offres de service de ces magnifiques guerriers qui avaient conquis et défendu si vaillamment le royaume de Sicile et étaient devenus la terreur de toute l'Italie. Vers le milieu de l'an 1302, l'accord fut hâtivement conclu entre les deux envoyés d'Occident « sages et prudents » et le basileus de Roum. Concédant aussitôt toutes les conditions posées par Roger de Flor au nom de l'armée, acceptant même ce mariage extraordinaire d'une princesse de sang impérial avec le fils du fauconnier, l'empereur prit à sa solde Roger de Flor et toutes ses bandes, chacune commandée par son capitaine particulier, tant lui et ses conseillers s'estimaient heureux de pouvoir attacher à leur service ces soldats accomplis auxquels le roi Fadrique de Sicile devait la conservation de sa couronne, tant ils

étaient impatients de les dépêcher au secours
des dernières places d'Asie si grièvement ser-
rées de près par les Turks (1). « Nulles paroles,
dit Moncada, ne sauraient exprimer l'estime
extraordinaire que l'empereur fit de nos Catalans et de nos Aragonais, nations si redoutées
à cette époque et si supérieures à toutes celles
qui servaient sous ses drapeaux. » Roger de
Flor, de son côté, ne demandait qu'à quitter
au plus tôt cet Occident où tant l'inquiétaient
la vindicte de son Ordre et la malveillance du
Pape réclamant au roi Fadrique le frère trans-
fuge au nom de la religion outragée. Les
bandes catalanes, tous ces aventuriers sans
feu ni lieu, incapables de vivre sans la guerre
devenue leur unique ressource, acclamaient
leur chef qui avait trouvé ce moyen de les
faire subsister. Enfin le roi Fadrique lui-même
voyait avec un vrai soulagement son royaume

(1) L'accord fut si rapidement conclu que le basileus ne s'occupa même pas de fixer le nombre des hommes qui suivraient
Roger, ni de prendre les mesures les plus élémentaires pour la
réception, l'entretien même immédiat et la subsistance d'une si
grande quantité de combattants.

épuisé débarrassé à jamais de ces bandes en-
combrantes. Les Almugavares et leurs chefs faisaient des rêves d'or. Songeant aux fabuleuses
richesses de cette mystérieuse Asie, ils voyaient
revivre déjà la Croisade et sa riche moisson.

Le départ ne tarda point. Roger avait à lui
huit galères qu'il réserva pour les deux mille
hommes spécialement à sa solde, mille Catalans et mille Almugavares ou gens de pied. Le
roi Fadrique en prêta dix de son arsenal et deux
« lins (1) ». Roger nolisa encore trois grandes
nefs, plus un grand nombre de « térides (2) » et
autres « lins ». Le vice-amiral avait été rejoint
à Licata, sur la côte sud de Sicile, par ses deux
envoyés qui lui avaient apporté le traité conclu
avec les basileis, les privilèges accordés par
eux signés au cinabre et scellés de la bulle
d'or, le bâton, le chapeau, la bannière, enfin le
sceau de sa nouvelle dignité de grand-duc ou

----

(1) Sorte de long bâtiment de transport très fréquemment mentionné dans les documents du temps. « Le mot *lin*, dit Buchon,
désignait parfois tout bâtiment en général et parfois un long bâtiment de transport. »

(2) Ce nom de bâtiment est d'origine catalane.

mégaduc. C'est sous ce dernier nom, sous lequel il est le plus connu, que je désignerai communément Roger de Flor dans la suite.

Toute la troupe que celui-ci amenait devait être à la solde de l'empire à raison de quatre onces d'or par cheval armé, de deux onces par cheval équipé à la légère, d'une once par homme de pied ou matelot. Quatre onces étaient réservées à chaque « comite » de la chiourme, une once aux nochers, vingt tarins à chaque arbalétrier, vingt-cinq à chaque chef de proue. Cette solde devait être payée régulièrement tous les quatre mois. En tout temps, si quelque Catalan isolé ou quelque groupe désirait retourner en Occident, on devait lui régler aussitôt son compte avec deux mois en plus pour les frais de retour. C'était une solde précisément double de celle que l'empire payait aux auxiliaires alains ou turkopoules.

« L'office de mégaduc, dit Muntaner, équivaut à prince et seigneur de tous les soldats de l'empire. Il confère autorité sur l'amiral et sur toutes les îles de la Romanie, ainsi que sur toutes les places maritimes. » On voit quelle situation immense était faite à l'aventurier auquel une princesse de la famille impériale était accordée par-dessus le marché. Ce dut être avec une ivresse véritable que le fils du fauconnier se coiffa du somptueux chapeau, insigne de sa nouvelle dignité. « Tous les grands officiers du royaume de Romanie, dit encore le chroniqueur, ont un chapeau particulier, et nul autre n'ose en porter de semblable. »

Il avait été également convenu que Corberan d'Alet, un des capitaines catalans, recevrait la dignité de sénéchal de l'empire, et qu'à mi-chemin environ, à Monembasie, la flotte des mercenaires trouverait le premier versement de sa paye. On voit que ces hommes de guerre, aussi rudes que positifs, ne s'embarquaient pas à la légère.

Un ban fut publié dans chaque ville de Sicile ordonnant à tout homme qui devait faire partie de l'expédition d'avoir à se rendre à Messine.

Le roi Fadrique, heureux de voir partir ces turbulents trouble-fête, reçut avec la reine en audience de congé Roger de Flor au palais de Palerme. Il fournit généreusement d'argent chaque soldat et donna, par chaque personne, à tout homme, femme ou enfant qui s'en allait avec le mégaduc, soit Catalan, soit Aragonais, un quintal de biscuit et dix livres de fromage par chacun, plus pour chaque quatre personnes un « bacon » ou porc salé, des aulx et des oignons. C'était un don très généreux, « car chacun doit savoir, dit Muntaner, que le seigneur roi n'avait pas de trésor et qu'il sortait de guerres si rudes que rien ne lui restait ».

Les autres capitaines de ces splendides soldats étaient tous des chefs accomplis, déjà fameux. Ils acceptaient la suprématie de Roger sans cependant se croire obligés de lui obéir très exactement. Leurs noms, que nous allons retrouver à chaque page et dont j'ai déjà dit les trois principaux, étaient Bérenger d'Entença, Bérenger de Rocafort, Ferrand ou Fernand

Ximénès de Arenos, le plus considérable de tous, Corberan d'Alet, Pierre et Sanche de Aros, Ferrand d'Aunès ou d'Aonès, Pierre ou Martin de Logran et beaucoup d'autres chevaliers catalans et aragonais, plus de nombreux « adalils (1) » ou chefs des Almugavares. Au dernier moment, pour des motifs divers, les deux premiers de ces chefs se virent forcés de remettre leur départ.

Malgré ce fâcheux contretemps qui diminuait notablement ses forces, Roger mit à la voile au jour convenu. C'était dans le courant de l'été de l'an 1302. « Quand toute l'expédition fut embarquée, dit Muntaner, il y avait bien entre galères, « lins », nefs et « térides », environ trente-six voiles. Il y avait mille cinq cents hommes de cheval inscrits, pourvus de toutes choses, excepté de chevaux, et bien quatre mille Almugavares et mille hommes de pied, sans y comprendre les rameurs et matelots qui faisaient partie de la flotte. » Tous ces

(1) Du mot arabe « dalil », guide.

derniers étaient Catalans ou Aragonais, « milice invincible, la première de son siècle », s'écrie orgueilleusement Moncada. « Ils emmenaient avec eux leurs femmes ou leurs maîtresses avec leurs enfants. Ainsi ils prirent congé du seigneur roi et partirent à la bonne heure de Messine avec grande joie et satisfaction. »

Roger de Flor avait épuisé pour préparer cette entreprise toutes les richesses qu'il avait acquises dans les expéditions précédentes. Outre les subsides, les vivres, les munitions généreusement fournis par le roi Fadrique, il avait encore emprunté vingt mille ducats aux Génois, au nom de l'empereur Andronic (1).

Au nombre de ceux qui partirent en ce moment pour l'expédition fameuse à la suite du mégaduc Roger, il me faut accorder une mention spéciale à Ramon Muntaner qui en

(1) Pachymère raconte que les basileis ayant demandé à Roger de leur amener le plus grand nombre possible de soldats, les enrôlements furent si nombreux que le mégaduc dut s'adresser aux Génois pour se procurer l'argent nécessaire à la mise en marche de l'expédition et aussi à l'acquisition des bateaux de transport supplémentaires. Nicéphore Grégoras raconte aussi en détail les négociations qui aboutirent au départ de ce petit corps d'armée.

fut le brillant, naïf et véridique historiographe. C'est à la savoureuse chronique du vaillant et honnête Espagnol, une des plus précieuses certainement de tout le moyen âge, que nous devons de connaître en détail cette odyssée extraordinaire de ces routiers de Catalogne aux antiques rivages de Grèce et d'Asie. Jamais historien ne fut plus précis, plus consciencieux, n'écrivit d'un style plus simple et plus digne à la fois. Agé à ce moment de moins de quarante années, Muntaner s'était dès longtemps en Sicile attaché à la brillante et naissante fortune de Roger qui lui avait donné le commandement d'une connétablie. Ce fut lui, comme il nous le dit formellement, qui assista en personne à Messine à la rédaction et à l'ordonnance du traité proposé par Roger au basileus Andronic (1) pour régler les conditions avant le départ.

« Le récit de Muntaner, a fort bien dit Buchon, est écrit avec autant d'exactitude que de talent; les faits, les lieux, les hommes, y

(1) *E perço se yo aquestes coses, çom yo mateix fui al dictar e a ordonar los dits capitols* (chap. CXCIX).

sont retracés au vif et avec leur véritable phy-
sionomie. J'ai soigneusement comparé son
récit avec celui des chroniqueurs grecs du
temps, et j'ai toujours reconnu à Muntaner
l'avantage non seulement d'un esprit judi-
cieux et d'un caractère plus ferme, mais aussi
d'un jugement plus impartial envers ses ennemis eux-mêmes et d'un respect plus persévé-
rant et plus laborieux de la vérité. Quant à la
forme même du récit, il a sur tous une incon-
testable supériorité; et je ne connais pas d'écrivain, sans aucune exception, qui sache mieux
que lui transporter son lecteur au milieu des
batailles et l'échauffer au feu de ses propres
passions (1). »

Roger de Flor, son ami Muntaner et leurs
milliers de compagnons, après une navigation
heureuse, « Dieu leur ayant donné bon temps »,

(1) En dehors de Muntaner, les deux presque uniques sources
contemporaines que nous possédions sur l'histoire de la Grande
Compagnie catalane sont, je l'ai dit, les chroniques des deux historiens byzantins Pachymère et Nicéphore Grégoras. — Moncada,
dans son livre célèbre, a combiné ces trois récits pour en com-
poser sa belle et vivante histoire des Almugavares en Orient.

après avoir pour se faire la main un peu pillé Corfou, après avoir tourné successivement les trois pointes de Morée, au bout de peu de jours touchèrent, ainsi qu'il avait été convenu avec le basileus, à l'antique port de Monembasie, que les Francs de Morée nommaient Malvoisie. C'était alors le plus puissant château des Byzantins sur les côtes du Péloponèse, non loin de la Sparte hellénique remplacée ou plutôt dépossédée par la Mistra médiévale. Aujourd'hui encore cette vieille petite cité maritime qui a donné son nom au vin si doux et jadis si célèbre de Malvoisie, dans un tonneau duquel fut noyé Clarence, semble avec les ruines énormes de son château et de ses murailles quelque nid de pirates du moyen âge, oublié en ce siècle prosaïque. Là, les aventuriers catalans reçurent grand accueil des autorités locales. On leur fournit des rafraîchissements de toutes sortes. Là aussi ils touchèrent le premier quartier de leur solde comme il en avait été convenu, avec des lettres de l'empereur leur enjoignant de se rendre de suite à Constantinople.

Peu de jours après, dans le courant du mois de septembre de cette année 1302, par une de ces matinées d'automne si belles sur le Bosphore, les innombrables habitants de la Ville gardée de Dieu virent avec un étonnement mélangé de crainte, surtout d'une curiosité intense, se ranger en bataille devant les jardins du vieux Palais Sacré des basileis la flotte des trente-six galères portant les six mille Espagnols (1), étrangers lointains dont l'habillement bizarre autant que la fière et martiale tournure firent l'admiration de tous.

C'étaient de superbes combattants, mais des alliés terriblement incommodes et indociles, que l'imprudent Paléologue, insuffisamment informé, venait ainsi d'attirer dans sa capitale. Parmi tous ces Occidentaux, les chevaliers de noble race, catalans ou aragonais, navarrais ou gascons, même siciliens, étaient nombreux, pour la plupart cadets de famille rompus dès

(1) « Sept navires à eux (c'est-à-dire à Roger) et une nombreuse flotte auxiliaire », dit Pachymère, « portant huit mille Catalans et Almugavares ».

longtemps à cette vie de chefs de routiers. Mais la grande masse des combattants était des gens de pied. Il en demeura de même dans la suite, du moins pendant quelque temps. C'étaient ces piétons en particulier qui constituaient la troupe des fameux Almugavares (1), descendants de ces Espagnols du Nord dont la lutte pour l'indépendance, la lutte contre le Maure, avait rempli la vie.

Lorsque ces aventuriers parurent aux yeux des Byzantins stupéfaits, l'accoutrement de la plupart d'entre eux était sordide et misérable, mais c'étaient des hommes de fer, nerveux, braves jusqu'à la folie. Leur arme principale était une longue épée qu'ils maniaient des deux mains. Ils avaient en plus un court poignard à la ceinture. Presque tous portaient encore un petit bouclier et trois ou quatre traits durcis au

(1) Ce nom, dit Buchon, signifie simplement les « Occidentaux ». C'était le nom des Arabes ou Maures d'Espagne venus en ce pays de la région nord-ouest de l'Afrique appelée le *Maghreb* ou l'*Occident*, par rapport au *Machriq* ou *Orient*, patrie des *Charkin*. — « Aller en course », dit Moncada, « fut appelé, par les anciens de l'Espagne, *aller en Almugavarie.* »

feu. Leur dextérité à se servir de ces derniers
engins, la violence avec laquelle ils les lançaient étaient sans égales. Muntaner affirme
qu'ils transperçaient sans peine de part en part
un homme ou son cheval en vêtement de
guerre. Leurs pieds étaient chaussés d'espa-
drilles, leurs jambes protégées par devant
d'une pièce de métal. Leur tête, coiffée d'ordinaire d'une résille, était, durant le combat,
défendue par un lourd bassinet de fer. Vaincre
ou mourir était tout leur code militaire. On
raconte que Charles d'Anjou, voyant amener
quelques Almugavares qui venaient d'être faits
prisonniers, étonné de leur piètre accoutrement et de leurs armes si peu fortes en
apparence pour combattre un homme en cuirasse et un cheval caparaçonné de mailles,
demanda dédaigneusement si c'était avec de
tels combattants que le roi d'Aragon espérait
venir à bout de ses troupes éprouvées. Un des
prisonniers, blessé au vif, lui dit : « Sire,
puisque tu nous dédaignes si fort, fais donc
venir ton meilleur chevalier avec les armes

offensives et défensives qu'il voudra; je t'offre de le combattre et de le terrasser en champ clos avec ma seule épée et mon javelot. » « Et ainsi fut dit et fut fait! »

Tous ces pittoresques soldats, suivant leur coutume séculaire, emmenaient avec eux leurs femmes, leurs maîtresses et leurs enfants, et ces ribaudes hardies, arrivant du fond des Pyrénées ou des campagnes de Sicile, savaient au besoin manier l'épée à l'exemple des grossiers compagnons qu'elles s'étaient librement choisis. Étranges vicissitudes qui faisaient défiler ces vétérans des grandes guerres italiennes devant les palais dorés de la métropole orientale!

Les bourgeois efféminés, les innombrables flâneurs de Byzance contemplèrent avec une secrète terreur ces hommes redoutables, moitié soldats, moitié bandits, qui depuis si longtemps ne connaissaient d'autre dieu que leur glaive.

Cependant au palais impérial des Blachernes on se sentit quelque peu rassuré du côté de l'ennemi musulman par l'arrivée de ces milliers

de guerriers parés de l'auréole de tant de
combats heureux. Le basileus et sa cour accueillirent comme des libérateurs, « à grande
joie et grand plaisir », ces précieux alliés. Ce
ne furent que festins, réjouissances, jeux à
l'Hippodrome. Logés auprès du palais occupé
par le basileus dans le riche quartier des Blachernes, vers le fond de la Corne d'or, sur sa
rive occidentale, les Catalans, choyés par Andronic, avant d'avoir donné un seul coup d'épée
ou même prêté serment, reçurent chacun un
nouveau quartier de la solde opulente stipulée
par les traités, solde très supérieure à celle
d'aucune troupe nationale.

L'unique revers à tant de joie fut l'attitude
de la puissante colonie génoise. Les trafiquants
de cette nation, dont l'influence était si grande
à la cour des Paléologues depuis tantôt quarante ans, voyaient du plus mauvais œil les nouveaux arrivants. Avec leur finesse italienne,
ces marchands guerriers établis presque en
maîtres à Constantinople dans leurs riches et
populeux comptoirs de Galata et de Péra com-

prirent que si ces étrangers, ces nouveaux Latins, venaient à s'installer définitivement dans l'empire, ce serait à leur unique détriment. « Car, jusque-là, dit Muntaner, l'empereur n'avait rien osé faire que ce qui leur plaisait, et de là en avant on ne ferait plus aucun cas d'eux. » D'emblée leur haine éclata furieuse, mal contenue.

Le vieux basileus Andronic, toutefois, semble bien avoir éprouvé un moment de satisfaction sans bornes. Ravi de posséder de tels auxiliaires, secrètement heureux de voir battue en brèche l'orgueilleuse et incommode tutelle des marchands italiens, il accueillit à bras ouverts l'ex-frère du Temple, maintenant le brillant mégaduc Roger, et ses lieutenants, et fit pleuvoir sur eux les honneurs, les distinctions dont la cour byzantine était si amplement pourvue. L'interminable série des dignités palatines prodiguée depuis des siècles à tant de personnages de tant de races fut une fois de plus reprise en l'honneur des guerriers catalans. J'ai déjà parlé de celle de mégaduc, autrement dit grand amiral

de la flotte impériale, conférée à Roger de Flor.
« C'était alors, nous dit Muntaner, la quatrième
dignité de la cour byzantine. La première,
après le basileus, était celle de sébastocrator,
la seconde celle de césar, la troisième celle de
protovestiaire. » Roger eut de ce fait le commandement en chef de la flotte. On juge de sa
puissance. Suivant la volonté formelle de l'empereur qui, pour mieux témoigner de sa bien-
veillance envers les nouveaux arrivants, entendait remplir avant tout l'engagement dont l'exé-
·cution semblait devoir lui coûter davantage, on
procéda de suite aux noces magnifiques qui
allaient unir le fils de l'humble fauconnier à la
nièce du successeur de Constantin. Le basileus gardé de Dieu donna à l'heureux aventurier la main de la princesse Marie, fille de sa
sœur Irène et d'Azan, l'ex-roi dépossédé des
Bulgares, le dixième de sa dynastie, réfugié à
Constantinople. L'épouse impériale accordée à
l'ex-frère du Temple n'avait pas seize ans
révolus. La jeune Porphyrogénète était, au dire
de Muntaner, une des plus spirituelles filles,

une des plus sages personnes de son époque. Durant tout le temps de son court bonheur elle témoigna à son époux d'élection l'attachement le plus vif. Les noces furent superbes, éclatantes. Que ne donnerions-nous pour pouvoir ressusciter par l'imagination ces fêtes étranges, pour voir défiler sous les portiques et par les allées ombreuses de ces grands jardins des Blachernes les anneaux somptueux du cortège nuptial guidant l'hyménée du soldat de fortune avec la fille charmante d'un roi barbare et d'une princesse de sang impérial! « Cet événement, dit Moncada, causa une joie inexprimable à toute l'armée, qui ne douta plus des autres récompenses dès qu'elle vit s'accomplir une aussi grande promesse. »

De si beaux débuts eurent un tragique et rapide lendemain. Les guerriers espagnols avaient sur les marches mêmes du trône un adversaire acharné qui leur portait une haine sombre de Byzantin orthodoxe et fanatique; c'était le corégent Michel IX, fils aîné du basileus Andronic, prince brave et taciturne que son père avait depuis huit ans associé à l'empire selon la coutume de Byzance. Après les premières heures d'illusion, Andronic, excité par lui, froissé (comme jadis Isaac Comnène à l'arrivée des premiers croisés) par l'attitude hautaine et la dédaigneuse indépendance de tous ces Latins « vagabonds et irrespectueux », ouvrit les yeux et vit qu'il s'était simplement donné de nouveaux maîtres. Se retournant sur l'heure avec l'étonnante souplesse du Byzantin rompu aux subtiles intrigues, il ne songea plus qu'à éloigner au plus vite les Catalans de sa capitale en les envoyant sur la côte d'Asie combattre les Turks. En même temps, dans le but de neutraliser leurs forces, il cherchait par mille intrigues trop longues à rapporter ici à indisposer les chefs contre leurs soldats désœuvrés, à exciter de même la défiance de ceux-ci contre les capitaines qui les avaient si longtemps guidés. Les Génois aussi ne cachaient pas leur impatience. Il se mêlait, du reste, à toutes ces agitations des questions d'intérêt. Roger devait aux Génois les sommes considérables qu'il leur avait empruntées au nom du basileus au départ de Sicile afin d'augmenter ses équipements, et ceux-ci les lui réclamaient avec emportement. Il essaya de les renvoyer au basileus. Eux déclarèrent qu'ils ne connaissaient d'autre débiteur que lui, et qu'il était débiteur de mauvaise foi. Il arriva ce qui était à prévoir parmi cette masse d'hommes violents qui se haïssaient. Au milieu des fêtes du mariage, au moment le plus animé des réjouissances, des Génois insultèrent des Catalans, se moquant bruyamment de leur accoutrement étrange. D'abord on en vint isolément aux mains sur différents points, dans les ruelles étroites et parmi les sombres boutiques de Galata. De toutes parts des combattants exaspérés surgirent, courant aux armes. Enfin « un méchant homme », Roso de Finale, saisissant la bannière de Gênes, suivi par presque tous ses compatriotes, franchit la Corne d'or et porta cet étendard par les rues principales de Byzance. Puis il vint l'agiter en signe de défi devant l'impériale demeure des

Blachernes, où banquetaient à ce moment les chefs espagnols. Les Almugavares et les marins catalans, qui avaient transformé le vieux monastère de Saint-Côme, leur résidence, en une vaste citadelle d'où ils pouvaient exécuter leurs sorties et où ils pouvaient au besoin faire retraite, se précipitant en foule hors de leurs cantonnements, se ruèrent sur les Italiens. On portait devant eux le pennon d'Aragon. Ni Roger, ni les autres capitaines de compagnies, accourus au premier tumulte, ne parvinrent à calmer la fureur de leurs hommes. Une affreuse mêlée s'engagea sur la rive même de la Corne d'or. De son côté, le basileus, qui jusque-là avait fait difficulté de payer aux Génois la dette de Roger, apprenant ce qui se passait à deux pas de son palais, se hâta de tout promettre et envoya un haut fonctionnaire, drongaire (1) de sa flotte, Stéphanos Muzalon, pour tenter d'apaiser ce grand tumulte. Le malheureux se jeta à cheval au milieu des combattants. Il fut

(1) Vice-amiral.

aussitôt haché. Trente cavaliers espagnols, accourus sur des chevaux armés à la légère, donnant furieusement de l'éperon, chargèrent à toute bride le groupe que guidait Roso de Finale, agitant sa bannière. Roso fut abattu et l'étendard de Gênes honteusement jeté à terre. Puis le groupe victorieux, démesurément grossi, fonça sur le reste des Génois. En vain ceux-ci, refoulés de rue en rue, se retranchèrent derrière des barricades faites de tables, de tonneaux, de boucliers, de pierres et de sacs de sable; rien ne put résister à la fureur des Espagnols égorgeant et massacrant. Ce fut une boucherie. Plus de trois mille cadavres italiens jonchèrent les rues de Byzance. C'est le véridique Muntaner qui nous indique ce chiffre en apparence exagéré. Déjà les Almugavares, rendus furieux par le sang versé, s'apprêtaient à aller bannière en tête attaquer et dévaliser les comptoirs génois de Galata et de Péra aux richesses fabuleuses, lorsque le basileus, qui, d'abord assez indifférent, assistait au combat des fenêtres du palais, effaré par les consé-

quences de ce pillage, redoutant la vengeance
de Gênes, dont il supportait cependant avec
impatience la tutelle hautaine, adressa au mégaduc une prière suppliante : « Mon fils, dit-il,
allez à vos gens et faites-les revenir; s'ils rava-
gent Péra, c'en est fait de l'empire, car ces
Génois ont de très grosses sommes à nous,
aux barons et aux autres personnes de l'empire. » Ému par ces instances, le mégaduc,
remontant à cheval, suivi de tous les chefs de
compagnies, sa masse d'armes à la main, se-
précipita au milieu de ces forcenés. A force de
supplications, tout en courant de graves dangers, il parvint enfin, à la grande joie de l'empereur, à leur faire abandonner leur projet.

Les Catalans venaient de se créer en Orient
un puissant et implacable adversaire, la république génoise. On verra bientôt combien ils
eurent à en souffrir.

Cette sanglante catastrophe brusqua le départ de ces incommodes mercenaires. On ne
pouvait plus hésiter à séparer des gens qui se
haïssaient à ce point. La cour impériale ne

songea plus qu'à mettre la mer entre elle et ces terribles bandes. Il n'était que temps, du reste. Les innombrables contingents des émirs turks d'Anatolie, ces hordes si mobiles de ca·valiers accomplis, poursuivaient leurs incessants progrès. En quelques mois ils avaient enlevé plus de trente journées de marche de pays aux troupes impériales, impuissantes à arrêter ce torrent. Ils entraînaient en esclavage des populations entières, faisant circoncire tous les enfants mâles, enlevant pour leurs harems les plus belles et les plus nobles filles. Déjà les éclaireurs des troupes de l'émir de Karasi, qui est la Mysie, avaient paru à plusieurs reprises sur la rive asiatique du Bosphore. Tirant leurs épées, brandissant leurs javelots vers les coupoles de la ville dorée, ils avaient à haute voix insulté le Porphyrogénète débile et ses guerriers dégénérés.

« Voyez quels gens sont les Grecs, s'écrie Muntaner, et combien Dieu était courroucé contre eux ! » « Tous les jours, dit de son côté Pachymère, on voyait accourir dans la capitale des Grecs venant du continent voisin d'Asie, chassés par la terreur de l'épée des Turks et allant chercher un abri soit dans les places fortes de l'empire, soit dans les îles de l'Archipel. Constantinople était dévastée par la famine et toutes les maladies qui arrivent à la suite de la misère. » Depuis plusieurs semaines, le second empereur, Michel IX, qui avait quitté Byzance pour éviter le contact des Catalans détestés, était de retour à Cyzique de Bythinie, sur la côte méridionale de la mer de Marmara, avec douze mille chevaux et d'innombrables fantassins (1), sans oser marcher à l'ennemi pour tenter de délivrer la grande forteresse de Philadelphie, tant il se fiait peu à la valeur de ces troupes assemblées à la hâte. Il fut convenu qu'on le remplacerait par les Catalans, et l'exode des bandes commença. Au mois de janvier 1303 Constantinople soulagée vit disparaître leur dernière galère. Andronic, pour reconnaître la subordination de ses nouveaux

(1) Muntauer donne le chiffre certainement exagéré de cent mille combattants.

alliés, leur fit encore délivrer à cette occasion un mois de solde.

Avant son départ pour le continent d'Asie, Roger, plein de précautions, avait fait nommer un de ses plus aimés lieutenants, don Ferrand d'Aunès ou d'Aones, chevalier de haute naissance et de haute bravoure, drongaire ou vice-amiral en titre de l'empire. En même temps il avait contraint le basileus d'accorder à ce chef improvisé la main d'une autre princesse de la famille impériale. « Le mégaduc, dit Muntaner, avait pris cette précaution afin d'être certain que ses galères seraient toujours montées par les hommes de mer qu'il avait amenés et que les Génois ni autres n'osassent rien tenter contre les Catalans dans tout l'empire, et que, quand il ferait avec son ost quelque expédition par terre, les galères se trouvassent au lieu désigné, munies de vivres et de provisions fraîches. » Tout ce service de la flotte, parfaitement organisé, fonctionna, semble-t-il, à merveille.

Le basileus avait ordonné qu'un corps de

troupes grecques d'élite commandé par un chef distingué, Maroulès, et les cavaliers alains sous leur chef national Georgios suivraient la même destination que la Compagnie.

Les Catalans, débarqués en Asie, à cent milles environ de Constantinople, sur le rivage de Marmara, au promontoire fameux de Cyzique, qu'on appelait alors Artaki, très favorable pour la mise à terre de la cavalerie, mirent incontinent en état de défense la vaste presqu'île sur laquelle cette ville célèbre avait jadis été construite. « C'était en ce temps, nous dit Muntaner, un lieu fort agréable, une presqu'île fertile et populeuse, couverte de plus de vingt mille habitations, fermes, métairies ou maisons. » Un long mur protégeait ce promontoire du côté du continent d'Asie, en un point où la presqu'île n'avait pas un demi-mille de largeur d'une rive à l'autre. Les Turks de l'émir de Karasi, séduits par la richesse de ce territoire, se disposaient précisément une fois de plus à l'attaquer. Ils l'avaient fait sans succès jusqu'ici et ne se méfiaient pas des Catalans. Ils ignorèrent même le débarquement de ceux-ci, bien que leurs cantonnements fussent distants du rivage de deux lieues à peine. Aussi leur premier réveil fut-il terrible.

Dès minuit, pour éviter que l'ennemi ne fût averti, les Catalans, joyeux de reprendre enfin l'épée, piétons et cavaliers, se ruèrent dans la direction du torrent sur les rives duquel, à six milles de là, les Turks étaient campés avec leurs femmes et leurs enfants. Le mégaduc Roger courait en tête de l'avant-garde. Défense avait été faite de faire quartier. A l'aube on atteignit le vaste campement turk. La cavalerie infidèle, surprise dans son sommeil, malgré son intrépidité coutumière, ne put rien contre ces hommes étranges, agiles et vigoureux, encore admirablement disciplinés, qui semblaient tomber du ciel, dont elle ne connaissait ni la langue, ni l'origine, qui l'attaquaient si rudement en une seule masse, maniant si furieusement l'épée et le javelot, tuant les chevaux avant d'occire les cavaliers.

Maroulès et ses contingents impériaux accompagnaient le mégaduc. En tête des batailles catalanes flottaient à côté de la bannière du basileus celles du mégaduc pour la cavalerie et des rois don Fadrique de Sicile et don Jayme d'Aragon pour les gens de pied. « Car jamais la Compagnie ne cessa de se rattacher étroitement à ses souverains nationaux, et ceci se faisait en exécution des conventions qui avaient été très exactement stipulées avec le basileus. » Celles-ci portaient en substance qu'il serait toujours permis aux Catalans d'avoir pour guides dans les combats les armes et le nom d'Aragon, « nom que ses fidèles sujets tenaient pour invincible et dont ils voulaient étendre la gloire partout où ils pourraient pousser leurs conquêtes et arborer leurs drapeaux ».

Les Turks subirent une complète déroute. Plutôt que d'abandonner leurs familles, ils se firent hacher, « si bien qu'on ne vit jamais hommes faire de telles prouesses ». Ils perdirent cinq mille guerriers. Le reste fut fait prisonnier, mais les vainqueurs ne laissèrent en vie aucun mâle au-dessus de dix ans. Dès la nuit suivante, la Compagnie, qui avait couru comme à une fête à ce premier combat sur la terre d'Asie, s'en retourna avec un magnifique butin au campement si sûr d'Artaki. Quatre galères partirent aussitôt pour Constantinople chargées d'esclaves et de richesses de tous genres, présents du mégaduc et des « adalils » aux deux basileis, aux deux basilissæ, surtout à la femme du mégaduc et à « madame sa belle-mère », sœur du vieux basileus. Tout cela n'avait pas duré une semaine depuis le départ de la Compagnie de la capitale. On juge quelle fut la joie de tous à Byzance. Ce fut un délire de gratitude pour une si prompte, si complète victoire. La destruction de ces terribles Turks faisait pleurer d'aise les bourgeois apeurés de Constantinople. Seuls les Génois et le sombre Michel IX, le basileus xénophobe, et les partisans de ce dernier, nombreux parmi la noblesse byzantine, en conçurent un redoublement d'hostilité contre les soldats étrangers.

Michel convalescent était encore à Pegæ quand les Catalans débarquèrent à Cyzique.

Roger alla aussitôt lui présenter ses hommages, mais le jeune basileus refusa de lui donner audience, « en haine, dit Pachymère, des troubles que les Espagnols avaient déjà partout suscités ». Il retourna ensuite auprès de son père qui vint à sa rencontre jusqu'à Drepanon.

« Michel, dit Muntaner en son naïf langage, eût préféré perdre l'empire plutôt que de voir les mercenaires étrangers remporter une telle victoire, car lui-même y était allé avec un nombre considérable d'hommes et avait été repoussé deux fois. » « Ce n'est pas, poursuit l'honnête chroniqueur, qu'il ne fût de sa personne un des bons chevaliers du monde, mais Dieu a frappé les Grecs d'une telle malédiction que tout homme peut les confondre. Et cela provient de deux péchés signalés qui dominent en eux : l'un est qu'ils sont les hommes les plus orgueilleux du monde; l'autre est qu'ils ont pour leur prochain moins de charité que qui que ce soit dans ce monde; car lorsque nous étions à Constantinople, les gens qui fuyaient d'Anatolie devant les Turks erraient et gisaient sur le fumier à Constantinople et criaient famine, et il n'y avait aucun des Grecs qui, pour l'amour de Dieu, voulût leur rien donner ; cependant il y avait abondance de toutes sortes de vivres; les Almugavares seuls, émus de grande pitié, partageaient avec eux tout ce qu'ils avaient à manger. Si bien qu'à cause de ces charités que nos gens leur faisaient, partout où les nôtres transportaient leur ost, plus de deux mille pauvres Grecs, dépouillés de tout par les Turks, suivaient l'ost par derrière et venaient partout avec nous. »

Le Byzantin Nicéphore Grégoras, adversaire acharné des Catalans, pour peindre l'effroi dont les Turks furent saisis après ce premier corps à corps, s'exprime en ces termes : « Lorsque les Turks virent la farouche impétuosité des Latins, qu'ils eurent reconnu leur courage, leur discipline, la force de leurs armes, surpris et épouvantés, non seulement ils s'en furent loin de Constantinople, mais ils rentrèrent fort avant dans les anciennes limites de leur empire. »

Les escadrons turks, en effet, avaient été si durement châtiés qu'ils disparurent soudain et pour quelque temps ne donnèrent plus signe de vie. C'en fut assez pour que les vainqueurs, oubliant le basileus et leurs engagements, ne songeassent plus qu'à jouir en cette riche contrée d'un repos si rapidement acquis. L'hiver, du reste, était en son plein avec son cortège de frimas rigoureux interrompant toute opération en ces contrées abruptes, dépourvues de routes. Logés chez les cultivateurs de la fertile péninsule de Cyzique, les routiers catalans, installés en ces excellents quartiers, traitèrent leurs hôtes en pays conquis. Il n'y eut pas d'excès qu'ils ne commirent. Femmes, richesses, les meilleurs logements, ils prenaient tout. Cyzique devint une nouvelle Capoue peuplée d'Espagnols festoyant tout le long du jour à l'ombre du vieil Olympe de Bithynie. Toute cette fin d'hiver se passa en orgies soldatesques dont les malheureux paysans grecs firent les frais. Chaque Almugavare, suivant un règlement d'une précision à rendre jaloux

un officier prussien, règlement arrêté par une
commission composée de six notables du pays,
de deux chevaliers catalans, deux « adalils » et
deux Almugavares, chaque Almugavare, dis-je,
avait droit à un logement convenable et à un
entretien que son hôte était tenu de lui fournir
sous peine de mort. Celui-ci lui devait chaque
jour : pain, vin, avoine, viande salée, fromage,
légumes et coucher, tout enfin « à l'exception
de la viande fraîche et des assaisonnements ».
Un prix raisonnable fut assigné à chacune de
ces denrées. Chaque homme eut une « taille »,
morceau de bois marqué chaque jour d'une
encoche telle que les boulangers s'en servent
encore aujourd'hui, taille qui servirait à la fin
de mars à la commission des douze pour fixer
le compte des dépenses de chacun et le dé-
duire de sa solde.

Tout cela n'était qu'apparente justice. En
réalité cette soldatesque se livra à de graves
excès, « faisant pis, dit Pachymère, que ne
l'eussent fait des ennemis », pillant les ré-
serves des habitants, violant leurs femmes. Le

chroniqueur grec va jusqu'à dire qu'un des grands chefs de la Compagnie, Fernand Ximénès de Arenos, après de vifs démêlés avec le mégaduc, auquel il s'adressa en vain pour faire réformer la discipline, honteux de ce qui se passait, impuissant à réprimer les abus que ses collègues soutenaient ouvertement, préféra se séparer de la Compagnie. Embarquant tout son monde sur ses galères, il s'en alla prendre du service auprès du duc franc d'Athènes.

Cependant le mégaduc avec quatre galères s'en était allé chercher à Constantinople sa femme la mégaduchesse Marie et l'avait somptueusement installée à Cyzique. Cette fois encore il avait rapporté de la capitale quatre nouveaux mois de solde pour ses hommes, somme énorme pour l'état déplorable des finances de l'empire. Il l'avait extorquée au basileus, moitié par prières, moitié par menaces. Il avait bien fait quelques tentatives pour rétablir l'ordre à Cyzique, mais, redoutant de voir ses soldats murmurer, il avait vite pris le parti de fermer les yeux.

Cependant de tels excès amassaient au cœur des Grecs des trésors de haine. Le jeune empereur Michel IX dissimulait mal sa patriotique indignation. Il alla, dans sa colère, jusqu'à frapper d'une lourde amende les habitants de Pegæ, petite ville de Bithynie, qui avaient ouvert leurs portes aux Almugavares.

Ces singuliers auxiliaires coûtèrent à l'empire rien que pour ce court hiver d'inaction passé au cap d'Artaki des sommes inouïes. Leurs galères s'en allaient courant les îles et les rivages de la mer Égée, et ces touristes effrayants, voyageurs d'un nouvel ordre, cinglaient jusqu'à Thasos, jusqu'à Adramiti, l'antique Adramyttion, jusqu'à la belle et riante Chio, l'ile unique du Mastic, « île très agréable », dit Muntaner, cherchant les meilleures résidences, les campagnes les plus plantureuses. Ils s'y installaient quelques semaines, faisaient le vide autour d'eux, puis revenaient à Cyzique chargés de butin, tandis que l'innombrable cavalerie turkomane courait l'Anatolie et que les garnisaires byzantins tremblaient derrière les murailles de leurs derniers *kastra*. « De cette manière, dit Muntaner, les nôtres passèrent tout cet hiver en joie, déduit et soulas les uns et les autres (1). »

« Et lorsque le mois de février fut passé, le mégaduc fit publier par tout le pays d'Artaki que chacun comptât avec son hôte, en y comprenant tout le mois de mars, et qu'il fût prêt à suivre la bannière le premier jour d'avril. »

Tandis que les comptes se faisaient, dans ce mois de mars, le mégaduc, toujours avec quatre galères, s'en alla derechef à Constantinople pour y prendre congé du basileus et ramener dans la capitale la mégaduchesse avec sa mère et deux de ses frères qui tous avaient passé l'hiver à Cyzique. Dès le 15 mars, Roger, que la cour avait comblé de fêtes et d'honneurs, était de retour auprès de la Compagnie. Seul, le

(1) La version de Muntaner est bien naturellement différente de celle des historiens grecs. « Le mégaduc, dit-il, ordonna que l'amiral Ferrand d'Aunes avec les galères et tous les hommes de mer allassent hiverner à Chio, parce que les Turks, avec les bâtiments, parcouraient ces îles. » Ce port commode et sûr se trouvait à peu de distance des côtes ennemies.

corégent Michel, se déclarant solidaire des sévices exercés sur les malheureux habitants d'Artaki, avait persisté à refuser de recevoir en audience le mégaduc, qui en conçut contre lui une grande irritation.

Le lendemain du retour de Roger se passa une scène curieuse. Le mégaduc, assis devant sa maison sous un grand orme, un platane plus probablement, régla lui-même tous les comptes de ses hommes avec leurs logeurs grecs. Bien que beaucoup parmi les Almugavares eussent reçu jusqu'à trois fois la paye promise, aucun n'était en règle. Le mégaduc, dans un discours vivement tourné, n'en annonça pas moins à ses soldats que pour cette fois son trésor particulier payerait à caisse ouverte. « Les Grecs n'ont qu'à porter leurs notes à mon trésorier, dit-il, il se chargera de les satisfaire. » Aussitôt il fit apporter du feu et brûler en la présence de tous toutes les notes. Chacun, joyeux, alla lui baiser les mains. « Et ils le devaient bien, s'écrie Muntaner, car c'était le plus beau présent que jamais seigneur fit à ses vassaux depuis plus de mille ans. Très certainement le tout s'élevait à la solde de huit mois, soit en tout cent mille onces d'or, ce qui fait six millions. » Le lendemain, après que tout eut été réglé, « pour que chacun s'appareillât bien à se mettre en campagne (1) », chacun reçut encore en bel or la paye de quatre mois !

Le basileus, ne sachant comment combler le mégaduc, pour pouvoir plus vite le renvoyer, lui avait encore remis, dans ce séjour du mois de mars. des chevaux et de l'argent qu'il avait demandés pour les guerriers alains combattant sous ses ordres. Ces hardis et excellents cavaliers d'origine scythique comptaient, on le sait, parmi les meilleures troupes mercenaires de l'empire d'Orient. Pachymère raconte que Roger de Flor favorisa largement ses Catalans

---

(1) Pachymère, chap. XXI, raconte tout cela d'une manière bien différente, en tout cas très peu à l'honneur des Catalans. les « Italiens », οἱ Ἰταλοί, ainsi qu'il les appelle. Il dit que « l'empereur appréhendait constamment de recevoir des nouvelles de ce pays-là — c'est-à-dire de Cyzique — parce qu'elles étaient toujours fâcheuses et qu'elles portaient les marques évidentes de la colère du ciel. Il eut recours à la prière et passa les nuits avec le patriarche à réciter des oraisons. »

aux dépens des Alains. On va voir qu'il excita par cette inégalité une furieuse jalousie entre les deux races.

Enfin le printemps était arrivé. Les chefs, honteux de cette immense inaction, aiguillonnés aussi par les messages incessants du basileus demandant qu'on marchât enfin au secours de Philadelphie, vivement assiégée par les Turks, se préparèrent à rentrer en campagne. Auparavant, le 9 avril, une rixe plus effroyable que celle de Constantinople éclata dans les rues de Cyzique entre les Catalans et les auxiliaires alains. Ces barbares étaient pour le moment tout dévoués au corégent Michel IX, ce qui suffit à expliquer la lutte sanglante dont je vais parler. L'origine en fut insignifiante. Deux Alains, occupés à faire moudre du blé dans un moulin, voulurent défendre une femme que violentaient quelques Almugavares. La querelle s'envenima de suite. On vit ce spectacle étrange, dans les rues étroites d'une cité hellénique d'Asie, de la lutte mortelle entre des barbares scythes venus d'au delà du Danube et des rivages septentrionaux de la mer Noire et les fils de la lointaine Ibérie. Espagnols et Alains, du consentement tacite de leurs chefs, s'entr'égorgèrent avec fureur tout la nuit durant. Au matin, les Alains, qui se défendaient à coups de tuiles du haut des toits, furent décidément les plus faibles. Ils périrent égorgés par centaines. Le fils de leur chef Georgios, un vaillant jeune guerrier, demeura parmi les morts. Presque tous les survivants quittèrent l'armée pour regagner leur lointaine patrie. Un millier à peine, cédant aux sollicitations de Roger, demeura au service de l'empire. Georgios, auquel le mégaduc fit offrir de l'argent en réparation du meurtre de son fils, refusa avec indignation, préparant tout haut sa vengeance.

Sur ces entrefaites donc, la nouvelle avait été apportée dans la Ville gardée de Dieu par de suppliantes ambassades que le plus redoutable et le plus puissant des émirs turks d'Anatolie, le fameux et chevaleresque Karaman, c'est-à-dire Ali-Shîr, émir de Kermian ou Karamanie, l'Alisuras des Byzantins, reprenant une fois de plus le cours de ses succès, avait enlevé par surprise plusieurs cités des thèmes des Thracésiens et des Anatoliques, l'antique Phrygie, en particulier la place forte de Tripoli du Méandre, sentinelle avancée de la défense byzantine vers le sud. Il avait garni de troupes karamaniennes ce point devenu pour lui un repaire invulnérable, ainsi que tous les châteaux environnant ces villes. Enfin il menaçait maintenant la grande métropole d'Asie, la vieille et célèbre Philadelphie de Lydie, principale place byzantine en Anatolie, laquelle, bien que depuis longtemps isolée de toutes parts au milieu de l'océan de l'invasion musulmane, ne lui avait jamais ouvert ses portes et passait même pour imprenable. Ce fut par tout l'empire comme un glas funèbre. La Cour envoyait au mégaduc message sur message pour qu'il volât au secours de la grande cité en péril. Enfin la Compagnie, quittant ses chers cantonnements de Cyzique, se mit en marche (1). Les six mille Catalans du mégaduc, que l'historien grec appelle presque constamment des « Italiens », emmenaient à leur suite mille Alains et un petit corps d'auxiliaires impériaux commandé par le grand archón Maroulès et le grand primicier Nostongos Dukas. Tout cet ensemble de forces bizarrement associées se trouvait placé sous la haute direction de Roger de Flor, qui avait l'autorité absolue d'ordonner la paye et de mener les troupes où il lui plairait.

La petite armée hispano-byzantine s'enfonça vers l'intérieur de l'Anatolie, à travers les campagnes de l'antique Mysie, cheminant à marches forcées presque droit vers le sud. Après d'interminables et pénibles journées sur lesquelles nous n'avons, hélas! aucun détail, après avoir atteint la vallée du haut Kaïkos et remporté un premier brillant succès près de l'ancienne ville de Germe sur ce fleuve, les

(1) Le 1ᵉʳ avril 1303, au dire de Muntaner, qui y était, mais qui se trompe certainement sur la date de ce départ; en mai seulement, d'après Pachymère.

guerriers latins franchirent la frontière de Lydie et atteignirent Khliara, la Kirk Agatch actuelle (1). Un peu plus loin Roger de Flor reçut des messages encore plus désastreux lui disant l'étendue des ravages affreux commis par l'ennemi et l'horrible disette qui régnait à Philadelphie, le suppliant de se hâter encore. Par la route directe, d'une marche enragée, sans prendre de repos, par Nakrasa, Thyatire, aujourd'hui Ak Hisar, par Hermokapelia et le lac Koloe, franchissant la vallée de l'Hermos, passant au pied de l'Acropole de Sardes et des pentes de l'abrupte Tmolos, foulant de leur pied lourd chaussé de l'espadrille basque tous ces lieux fameux de l'antique histoire des Grecs, jetant un regard distrait aux ruines des Sept Églises, les six mille aventuriers d'Aragon et de Navarre atteignirent enfin les environs de la grande place forte si durement pressée par l'armée du Karaman.

A l'approche des Catalans, Ali-Shîr, laissant

____

(1) RAMSAY, *The hist. geogr. of Asia Minor*, p. 117 et 221.

devant Philadelphie la quantité de troupes strictement nécessaire pour contenir les assiégés, était accouru à la rencontre du mégaduc avec ses meilleures forces. Les deux armées prirent contact à Aulax, à une journée de marche environ de Philadelphie.

« Les Turks, dit Muntaner, étaient là en bataille rangée au nombre de huit mille cavaliers et de douze mille hommes de pied. » C'étaient des troupes incomparables, jouissant parmi leurs compatriotes d'une réputation méritée (1). Les Latins et leurs auxiliaires, brochant impétueusement de l'éperon, leur coururent sus avant même qu'ils pussent faire usage de leurs flèches. On se battit cavalerie contre cavalerie, Almugavares contre fantassins musulmans, depuis le soleil naissant jusqu'à l'heure de none. Les Turks, épouvantés par l'assaut furieux, incessant, de ces vieilles bandes dont la renommée grossissait encore les hauts faits, troublés aussi par la blessure grave reçue dès le début

(1) Muntaner appelle ce corps : « les gabelles de Cesa et de Tiu, parents de ceux que la Compagnie avait tués à Artaki ».

de l'action par l'émir Ali-Shir, finirent par lâcher pied. Leur retraite se changea vite en déroute. « Il ne s'en échappa pas mille cavaliers et cinq cents piétons », dit Muntaner. C'est une exagération évidente. Les Catalans, plus habiles à frapper, mieux garantis pour la défense, n'éprouvèrent qu'une perte insignifiante : quatre-vingts cavaliers et cent piétons. Ils s'emparèrent à grande joie du camp ennemi avec un immense butin.

Hélas! nous n'avons guère de détails sur ce qui suivit. Nous savons seulement que Philadelphie fut du coup débloquée et que les troupes du Karaman laissées au pied de ses murailles s'enfuirent sur les traces des forces vaincues à Aulax. Les Philadelphiens, lorsqu'ils furent ainsi délivrés, souffraient fort de la famine. Une tête d'âne, un peu de sang de porc ou de mouton s'y étaient vendus un prix fabuleux. « Les Catalans, dit Muntaner, restèrent bien huit jours, leurs tentes dressées, en cet endroit qui était fort bon et fort délicieux, puis ils s'en vinrent à ladite cité de Philadelphie, où ils furent reçus à grande joie et grande allégresse. Ainsi la nouvelle se répandit par toute l'Anatolie que les « gabelles » turques avaient été défaites par les Francs, et on en eut grande joie; et ce n'est pas merveille, car tous les habitants eussent été captifs des Turks si ce n'eût été les Francs. » L'émir Ali-Shîr, qu'on avait dit blessé à mort, s'enfuit avec les siens dans la direction d'Amorion de Phrygie, vers le centre de l'Anatolie.

L'ancien Templier devenu mégaduc byzantin fit donc à la tête de son étrange et martiale armée une entrée triomphale dans la vieille cité lydienne, devenue une puissante forteresse des basileis. « C'est une noble cité et des grandes du monde, dit Muntaner, et qui a bien dix-huit milles de tour. » C'est aujourd'hui la triste ville turque d'Alasheir.

Délivrés de toutes les horreurs d'un siège par la valeur de ces étrangers venus si miraculeusement de si loin, le peuple et les chefs de la cité sortirent au-devant de l'armée libératrice, ayant à leur tête le très pieux évêque

Théoleptos. Après avoir reçu les hommages enthousiastes de cette foule reconnaissante, les Espagnols et leurs alliés entrèrent dans la ville. La cavalerie marchait en avant, portant les vastes étendards de soie multicolore conquis sur les Turks. Puis venaient les chariots en grand nombre avec les dépouilles de guerre, puis la foule bariolée des femmes, des enfants captifs, enfin quelques jeunes guerriers turks réservés au triomphe. Les Almugavares fermaient la marche, encourant de leurs rangs poudreux et pressés la bannière de Roger et celle d'Aragon, guidés par les premiers chefs aux costumes éclatants, montés sur des chevaux caparaçonnés de mailles. Pas un soldat de l'armée victorieuse qui ne portât sur lui de riches étoffes de soie aux plus vives couleurs enlevées aux Turks. Quant au mégaduc, des pieds à la tête, son armure reluisait des feux de l'or et de l'argent.

Quelles scènes épiques! On vit camper des gens d'armes castillans, basques et navarrais, couverts des dépouilles des fils de la steppe, dans ces campagnes si vieilles de Sardes et du Pactole, dans la plaine fameuse où coule l'Hermos, où brille au soleil le lac de Gygès, où s'élèvent alignés les tombeaux célèbres du roi Crésus et de ses pères, les antiques princes de Lydie! Les montagnards des hautes vallées de l'Aragon poursuivirent les légers cavaliers turkomans dans les mêmes plaines où jadis les chameaux de Kyros, roi des Perses, avaient mis en fuite la cavalerie lydienne, la première du monde à cette époque!

Pachymère, qui est plutôt dédaigneux pour les succès des Catalans, s'efforce de diminuer leur victoire d'Aulax et leur délivrance de Philadelphie. Il raconte encore que le mégaduc, à son passage sous les murailles de Germe, avait fait pendre, suivant l'usage des Latins », une douzaine des soldats impériaux qui combattaient sous ses ordres, « parce qu'ils avaient pillé les bagages des Turks ». « Il les fit pendre, s'écrie avec amertume le chroniqueur byzantin, pour avoir repris ce qui était à eux! » Même, au cours d'une violente discussion, le mégaduc se laissa aller jusqu'à frapper de son épée leur chef, un vaillant Bulgare de haute race, le grand tchaouch impérial Chranisthlav, jadis fait prisonnier par Michel Paléologue, long-temps gardé en captivité, passé depuis, sous le règne d'Andronic, au service de Roum. Il avait même ordonné son supplice, et sans les instantes prières et les vives remontrances de plusieurs, il l'eût fait pendre comme les autres.

Pachymère dit aussi que les impériaux, immobilisés par la crainte des embuscades, aussi par leur fâcheuse coutume de combattre en trois corps, Catalans, Alains, impériaux proprement dits, opérant isolément, n'osèrent pas s'engager à fond à la poursuite de l'ennemi. « On parla, ajoute l'auteur grec, de cette levée du siège de Philadelphie comme d'un exploit fort remarquable, bien qu'il ne répondît en rien aux préparatifs qui avaient été faits à cet effet. »

Les Philadelphiens cependant, délivrés des terreurs de la famine et du massacre, ne savaient comment remercier leurs libérateurs.

La renommée des invincibles Catalans remplit d'aise le Palais sacré, la capitale, l'Anatolie entière. On crut l'horrible péril turk disparu à jamais, et ces malheureuses populations incessamment mises à mal respirèrent plus librement.

CHAPITRE II

La joie des habitants de Philadelphie fut, hélas! de bien courte durée. Ils n'avaient évité un mal que pour tomber dans un pire! Accablés de contributions de guerre par leurs cupides sauveurs, ils se trouvèrent ruinés et dépouillés en quinze jours, juste le temps que les Catalans avaient mis à se partager le butin conquis sur les Turks. Alors, forcé de s'en aller pour ne pas voir ses soldats mourir de faim, au lieu de poursuivre, comme il l'aurait dû, vers l'Orient, l'émir de Karamanie dans la direction d'Amorion, le mégaduc, après avoir remis en état les remparts de Philadelphie et pourvu à la subsistance de la garnison, voyant devant lui les riches campagnes de Lydie et d'Ionie, préféra descendre la large vallée de l'Hermos et se rapprocher des grandes villes du littoral, dont il désirait avant tout éloigner les Turks. Partout où passa la terrible Compagnie, elle fit peut-être plus de mal encore que ceux qu'elle devait combattre. Elle vint d'abord à Koulé (1). C'était une forteresse frontière du thème de l'Opsikion, à peu de distance de Philadelphie, sur la limite de celui des Thracésiens. Elle était tombée depuis peu aux mains des Turks. Ici, l'ennemi terrifié s'enfuit aussitôt, et les habitants ouvrirent leurs portes à Roger, qui fit plusieurs exécutions parmi les notables coupables de s'être trop vite rendus à l'ennemi. Le gouverneur fut décapité. Un vieillard, personnage le plus considérable après celui-ci, condamné à la potence et ne pouvant

(1) Ou Koula. Voy. sur l'identification de cette place : RAMSAY *op. cit*, p. 101, 211, 432, 458.

mourir, fut délivré par la foule superstitieuse, qui considéra ce phénomène comme une preuve miraculeuse de l'innocence du malheureux. Dans la même expédition, le mégaduc s'empara encore du château ou *kastron* de Phourni (1), à une faible distance de Saittai, toujours dans la même région. Nos renseignements, que nous devons presque tous au bref récit de Muntaner, sont ici fort clairsemés.

Après cette courte expédition vers le nord-ouest, le mégaduc était revenu à Philadelphie, où ses bandes renouvelèrent leurs excès. De là, par la grande route de Smyrne et le cours de l'Hermos, repassant au pied de l'Acropole de Sardes et par tout ce pays fameux des Sept Églises, l'armée latine, pour se rapprocher du littoral et en déblayer les partis turks qui auraient pu mettre en péril sa ligne de retraite vers la flotte, gagna d'abord Nymphée, le Nimfi ou Nymphaion des Byzantins, la Nif turque d'aujourd'hui.

(1) Voy. sur l'identification de cette place : RAMSAY, *op. cit.*, p. 211.

Les basileis possédaient en cette localité, sise au pied des monts, un palais, une villa plutôt, superbe et charmante en des jardins délicieux. Le célèbre traité de 1261 y avait été signé avec les Génois, qui donna à nouveau à Michel Paléologue l'empire et Constantinople. De Nymphée, après un long crochet vers Nyssa et les rives du Méandre, Roger mena sa troupe vagabonde à Magnésie, la ville ou jadis Pompée avait battu Crassus, superbement située au pied du noir Sipyle, célèbre par la douleur de Niobé et la mort de ses fils sous les flèches d'Apollon.

Magnésie se trouvait pour lors aux mains d'un officier impérial du nom d'Attaliote, qui s'y était déclaré à peu près indépendant. Cet homme se refusait à reconnaître l'autorité du stratigos ou duc du thème, le grand primicier Nostongos Dukas, et s'opposait même à l'entrée de celui-ci dans sa ville. Il était en sa résistance fort soutenu par la masse des habitants. Comme ce rebelle s'empressa d'aller à la rencontre de Roger de Flor et de lui ouvrir ses

portes avec les plus grands honneurs, celui-ci,
très flatté, le prit sous sa protection. Il le blan-
chit même absolument auprès du basileus, qui,
fort mal informé, le tint dès lors pour un de
ses plus fidèles sujets. Le grand primicier Nostongos Dukas venait précisément d'être promu
grand hétériarque. Indigné de ces procédés
du mégaduc, qui voulait le forcer, lui aussi, à
reconnaître son autorité suprême, il prit le
parti de courir à Constantinople faire son rapport au basileus.

Roger, qui désirait faire venir auprès de lui
la princesse Marie, sa femme, avait précisément demandé à Nostongos de fournir une
escorte à Kannabourios, un de ses fidèles,
qu'il expédiait à cet effet dans la capitale, les
chemins n'étant rien moins que sûrs. Le grand
hétériarque offrit perfidement de conduire lui-
même cet envoyé. Avec le concours d'un de
ses secrétaires, il rédigea tout un acte d'accusation contre le mégaduc. Mais bien que le
patriarche fût pour lui, ses intrigues échouèrent devant les démarches habiles de la prin-

cesse Marie, de sa mère, la princesse Irène, de leurs amis et partisans. Un beau dimanche de juin, sur la demande expresse d'Irène, en face d'une grande assemblée de tous les hauts fonctionnaires mandés à cet effet, le vieil empereur Andronic, prenant la parole, prononça à l'ébahissement de tous un éloge enthousiaste du mégaduc, proclamant que les honneurs dont il avait déjà comblé Roger et l'autorité dont il l'avait revêtu étaient encore bien au-dessous de ses mérites, des services rendus par lui. Puis il se mit à invectiver furieusement Nostongos. Le malheureux, privé de ses emplois et dignités, fut jeté en prison. Son imprudent secrétaire fut rasé et fait moine.

Tous les ennemis du mégaduc rentrèrent dans la poussière. Lui tira de ces événements une confiance qui, finalement, devait causer sa perte.

Cependant, au camp devant Magnésie, Roger de Flor avait vu venir à lui deux émissaires de Tyrraium ou Tiria, l'antique Teira, aujourd'hui Thira, dans la vallée du fleuve Kaïstros (1). Ils lui mandaient que cette place, vivement pressée par les Turks, dépourvue de garnison, allait infailliblement succomber si elle n'était de suite secourue. Les circonstances étaient, du reste, présentement favorables, l'ennemi ne se gardant pas. Une marche rapide vers le sud, trente-sept milles fournis en dix-sept heures, amena par Nymphée le mégaduc et ses troupes légères aux portes de la ville assiégée. Roger réussit même à pénétrer de nuit dans Tyrraium avec tout son monde sans éveiller l'attention de l'ennemi. Le lendemain, au lever du soleil, les Turks, sortant de leur camp, se mirent, suivant leur coutume de chaque jour, à courir la plaine que domine d'assez haut la ville, injuriant à haute voix les habitants qu'ils croyaient sans défense. Quelles furent leur surprise et leur terreur en voyant un gros de douze cents Catalans, dont deux cents montés, se précipiter soudain par toutes

(1) Muntaner nomme cette ville « la Tira ». Voy. RAMSAY, *op. cit.*, p. 104, 105 et 114.

les portes et descendre dans la plaine à leur rencontre !

Corberan d'Alet, sénéchal de la Compagnie, commandait cette fois l'attaque des Latins. Le combat fut livré à deux milles environ de la ville, dans cette grande plaine, « auprès de l'église, dit Muntaner, où repose le corps de monseigneur saint Georges, qui est une des plus belles églises que j'aie jamais vues ». Chargés avec furie par ces terribles *condottieri*, les fils de Mahom se débandèrent presque aussitôt. Beaucoup périrent. Le reste, abandonnant ses montures, se sauva à pied dans la montagne, fort escarpée, où la poursuite était difficile. Malheureusement, les vainqueurs éprouvèrent ici une perte lamentable. Corberan d'Alet, le sénéchal de l'armée et le bras droi du mégaduc, fiancé à une fille que ce dernier avait eue jadis d'une noble dame chypriote, dans la chasse de l'ennemi vers la montagne, étant descendu de cheval pour mieux atteindre quelques Turks qui faisaient tête derrière des rochers, fut tué d'une flèche, « sa salade étant défaite à cause de la chaleur et de la poussière ». Ce fut un deuil cruel parmi la Compagnie. Roger de Flor, qui adorait ce jeune homme vaillant entre tous, né aux rives paresseuses de l'Aude de Gascogne, le pleura amèrement. La douleur de sa fiancée, demeurée à Constantinople auprès de la mégaduchesse, fut grande aussi.

· La perte d'un tel capitaine fut à peine compensée par le trépas de plus de sept cents cavaliers turks et d'un bien plus grand nombre d'hommes de pied. L'armée fit à Corberan d'Alet des funérailles grandioses. On l'inhuma avec dix compagnons tués dans cette affaire dans cette belle église de Saint-Georges, aux côtés même, honneur insigne, du grand saint militaire patron de toutes les armées chrétiennes d'Orient. On éleva au jeune héros sitôt moissonné un monument somptueux dans ce temple alors fameux. L'armée s'arrêta huit jours en ce lieu pour le pleurer « et afin que sa tombe fût riche et belle ». Étrange destinée qui faisait périr aux rives poétiques du mythologique

Kaïstros, le fleuve aimé des cygnes, un jeune héros né aux pentes septentrionales des Pyrénées, dans la lointaine Gascogne!

De Tyrraium, par la vallée du Kaïstros, l'armée latine descendit sur Éphèse. Entre temps, toutes les galères de la Compagnie auxquelles le mégaduc avait expédié de cette ville des ordres qui, passant par Smyrne, les avaient touchées à Chio, ayant longé depuis Cyzique tout le littoral ionien sous le commandement de l'amiral Ferrand d'Aunès, étaient arrivées à Anæa, petite localité en face de l'ile de Samos, au sud d'Éphèse. Avec Ferrand d'Aunès arrivait un grand chef catalan, nouveau venu en Orient, le plus renommé de tous peut-être pour ses talents militaires dans les longues guerres de Sicile, don Bérenger de Rocafort, un des retardataires du grand départ de Messine (1).

(1) Un différend survenu entre lui et le roi de Naples l'avait longtemps retenu. Il s'était rendu durant la guerre de Sicile maître de plusieurs places et châteaux de Calabre qu'il ne voulut rendre, une fois la paix signée, que contre des sommes très considérables. D'où fureur du roi Fadrique, qui, après une longue résistance, dut

Au bruit prodigieux des premiers succès de ses anciens compagnons, dès qu'il avait été libre de partir, il était accouru à leur suite à Byzance avec deux galères montées par deux cents cavaliers « bien équipés de tout leur harnais » et environ mille Almugavares. N'ayant plus trouvé Roger de Flor dans la capitale, il le cherchait maintenant sur l'ordre de l'empereur. Il avait rejoint l'amiral au moment où celui-ci appareillait pour partir de Chio. Tous deux étaient retenus à ce mouillage depuis huit jours lorsqu'ils apprirent l'arrivée du mégaduc à Tyrraium. Leur joie fut grande. On échangea des messages par cavaliers. Roger ne cacha pas le plaisir que lui causait l'arrivée de ce parfait capitaine à la tête d'un renfort si considérable. On convint de se réunir à Éphèse, et notre cher écrivain Muntaner fut désigné par le mégaduc pour s'en aller de suite à Anæa chercher Rocafort et l'amener jusqu'à Ayasolouk,

en passer par les exigences inouïes du *condottiere*. Il en conçut contre Rocafort une haine dont nous verrons par la suite les conséquences tragiques po.. ce dernier.

« que l'Écriture nomme Éphèse ». Muntaner, ne prenant avec lui que vingt chevaux pour le service de Rocafort, eut tôt fait de rejoindre celui-ci à Anæa. Rocafort emmena avec lui cinq cents Almugavares seulement, laissant le reste de ses hommes avec l'amiral et la flotte à Anæa. Cette petite troupe mit quatre jours à gagner Éphèse à travers mille périls. Les partis turks ne cessèrent de harceler la colonne.

A Éphèse, Muntaner et Rocafort attendirent quatre jours l'arrivée du mégaduc et de tout l'ost, qui y parvinrent de leur côté sans encombre. On n'avait pas revu Rocafort depuis Messine. On l'accueillit à très grande joie dans cette fameuse cité d'Éphèse d'évangélique mémoire, il vaudrait mieux dire Ayasolouk. C'était alors en effet le nom en apparence tout musulman de la grande ville turque élevée auprès des ruines de la cité antique de Diane, résidence guerrière des princes turkomans d'Aïdin. Ayasolouk était une corruption arabe de Hagios Theologos, Saint-Jean Théologue, désignation byzantine de cette vieille cité d'Éphèse. Les Italiens avaient commencé par faire de Hagios Theologos Alto Luogo, qui, par une sorte de jeu de mots, rappelait également la situation élevée de la haute ville. D'Alto Luogo les Turks avaient fait Aya Solouk. « Dans cedit lieu de Theologos ou d'Ayasolouk que l'Écriture nomme Éphèse, dit Muntaner, est le tombeau dans lequel monseigneur saint Jean l'Évangéliste se plaça quand il eut pris congé du peuple; et puis on vit un nuage comme de feu, et la croyance chrétienne est que ce fut dans ce nuage qu'il monta au ciel en corps et en âme. Et cela paraît bien par le miracle que l'on voit chaque année à ce même tombeau. Le tombeau dudit saint est en forme de carré et est placé au pied de l'autel; au-dessus est une belle pierre de marbre qui a bien douze palmes de long et cinq de large; et au milieu de la pierre sont percés neuf trous fort petits; et chaque année, le jour de saint Étienne, à l'heure des vêpres, et au moment même où, ledit jour de saint Étienne, on commence à dire les vêpres de saint Jean, de chacun de ces neuf trous il

sort une manne sablonneuse qui s'élève bien à
un pied au-dessus de la pierre, et qui en découle
ainsi qu'un filet d'eau. Et cette manne sort et
commence à sortir, ainsi que je vous ai dit,
tout aussitôt qu'on commence à chanter les
vêpres de saint Jean, le jour de saint Étienne ;
et cela continue toute la nuit et puis tout le
jour de saint Jean, jusqu'à ce que le soleil soit
couché ; si bien que, quand le soleil est couché
et que cette manne a cessé de sortir, il y en a
bien certainement trois quarterades de Barcelone. Cette manne est merveilleusement bonne
pour beaucoup de bonnes choses ; c'est à savoir
que qui en boit quand il sent venir la fièvre,
jamais cette fièvre ne lui vient ; et, d'autre part,
si une femme est en travail d'enfant et ne peut
accoucher, elle n'a qu'à en boire avec de l'eau
ou avec du vin, et elle est aussitôt délivrée, et,
d'autre part, celui qui est assailli en mer par
une tempête n'a qu'à en jeter trois fois dans la
mer, au nom de la très sainte Trinité, de
madame sainte Marie et du bienheureux saint
Jean l'Évangéliste, et aussitôt la tempête ces-

sera; et de plus encore, si quelqu'un a mal à la vessie, il n'a qu'à en boire audit nom de la sainte Trinité, de madame sainte Marie et du bienheureux saint Jean l'Évangéliste, et aussitôt il sera guéri. On donne de cette manne à tous les pèlerins qui y viennent, et elle ne sort que d'année en année. »

Quelle naïve et confiante crédulité! Avec quelle religieuse émotion tous ces dévots fils de la dévote Espagne durent contempler les voûtes splendides et fouler les dalles de l'église aujourd'hui ruinée où gisait le corps très saint, très vénérable, de saint Jean l'Évangéliste, l'apôtre tant aimé du Christ, son doux compagnon! Combien ils durent admirer, dans leur rude ignorance, et les restes gigantesques du temple de Diane sur l'emplacement duquel cette église avait été construite, et la mosquée non moins splendide élevée récemment tout auprès par les conquérants turks, mosquée dont les superbes débris attirent autant aujourd'hui les voyageurs à Éphèse que les souvenirs du paganisme ou même du christianisme! Et quels

souvenirs cependant! Combien ils durent hanter
les cerveaux primitifs de tous ces rudes compagnons accourus des gorges des Pyrénées
dans la ville de Diane, de saint Jean, de Timo-
thée et de Marie-Magdeleine, dans cette cité
la plus fameuse d'Asie, fondée par les Ama-
zones, glorieuse aux temps helléniques, illustrée par ce temple fameux que brûla Érostrate,
puis par les tombes des grands martyrs, par la
pieuse légende des Sept Dormants, par le
troisième grand concile œcuménique enfin,
par tant d'autres événements encore!

Le revoir en ces historiques parages entre
tous ces durs soudards qui ne s'étaient pas
vus depuis les temps héroïques des guerres de
Sicile fut enthousiaste et chaud. Que de récits
à faire, que d'aventures à conter! La Compagnie
avait donc traversé en biais toute une portion
de l'immense presqu'île anatolique. Elle avait
passé d'une mer à l'autre, de Marmara à la mer
d'Ionie, rétablissant tant bien que mal en ces
contrées tourmentées par une guerre incessante
l'autorité tant ébranlée des basileis. Quelle

rude expédition en pleine canicule ! Quelle étrange, quelle extraordinaire odyssée que celle de ces fiers routiers nés aux frais vallons des Pyrénées et venant combattre sur cette terre antique illustrée par les hauts faits et les malheurs d'Achille, de Crésus, de Cyrus et des grands généraux romains ! Qu'il serait curieux de pouvoir restituer, revoir en imagination, sur ces sentiers poudreux de Bithynie, de Lydie ou d'Ionie, habitués au pas pesant des hoplites grecs ou des légionnaires de Rome, les longues files de ces aventuriers au pittoresque costume d'Occident, au parler étrange et rauque, aux pieds chaussés de l'espadrille basque ! De quels mélanges de peuples est tissée la trame de l'histoire ! Les fantassins d'Aragon ou de Navarre suivant la trace des éléphants de Cyrus et des cavaliers hellènes !

Le but principal du mégaduc en venant à Éphèse était d'éloigner des abords de cette ville les contingents des princes de Ssarukhan et d'Aïdin qui y faisaient, ainsi que tout le long du littoral de l'Ionie devenue le thème de

Samos, des incursions incessantes. Il nomma aussitôt Rocafort sénéchal de la Compagnie en place de Corberan d'Alet et lui donna la main de sa fille qui avait été la fiancée de cet infortuné. Rocafort entra sur l'heure en fonction. Roger, pour se concilier encore davantage ce grand chef au caractère âpre, dur et querelleur, lui fit don de cent chevaux et lui compta la paye de quatre mois pour lui et ceux qui l'accompagnaient. Pour tous ces aventuriers étonnants la solde était bien toujours la préoccupation première! On n'avait garde de l'oublier jamais. Ces milliers d'hommes vivaient grassement aux frais du Paléologue. Il est vrai qu'ils ne boudaient pas aux coups d'épée et faisaient vaillamment la chasse aux Turks.

De crainte de fatiguer le lecteur, je ne m'étendrai pas davantage sur le séjour que firent les Catalans en ces parages si beaux, si fameux, des côtes de la molle Ionie. Ils continuèrent à combattre les Turks, surtout aussi à piller et à molester les Grecs. Ils livrèrent aux contingents des émirs de Ssarukhan et d'Aïdin des combats constamment victorieux. Rien ne résistait à leur attaque furieuse, et les cavaliers turkomans, les plus souples, les plus rapides, les plus hardis du monde, fuyaient au seul bruit du terrible cri de guerre : « Aragon, Aragon, aiguisez les fers! » que poussaient ces magnifiques soldats, frappant tous ensemble contre terre avec la pointe de leurs piques et de leurs épées.

S'il faut en croire le témoignage plutôt partial du Grec Pachymère, Roger et ses Catalans commirent dans la cité d'Éphèse, qui, malgré les si fréquentes incursions des Turks, avait conservé quelques restes de sa splendeur et de ses richesses de jadis, ainsi que dans tous les cantonnements environnants, à Pyrgion entre autres, les plus atroces cruautés, torturant, mutilant, égorgeant les malheureux habitants, leur coupant les mains et les pieds, dans le but unique de leur arracher leur argent, ne respectant ni les membres du clergé, ni les plus hauts fonctionnaires, ni les familiers du basileus. Et cet état de trouble horrible s'étendit fort loin,

puisque le même historien rapporte fort longuement l'histoire d'un riche et haut fonctionnaire
impérial du nom de Makramos, favori du basileus, propriétaire de grands biens sur le Sca-
mandre et gouverneur d'Assos, qui fut torturé,
puis décapité par ces bandits à Mételin, l'ancienne Lesbos. Ce fut Roger en personne qui
en donna l'ordre lors de son passage dans cette
île, au retour, et cela sous l'injuste prétexte que
l'infortuné avait abandonné son gouvernement,
en réalité parce qu'il s'était refusé à livrer la
somme de cinq mille besants que les Catalans
exigeaient de lui. Un autre haut fonctionnaire
impérial fut délivré du même supplice par le
dévouement d'une dame de qualité nommée
Gorgo, qui, pour le sauver, remit au mégaduc
la somme considérable de mille sous d'or. Les
mêmes horreurs se passèrent, affirme Pachymère, à Chio, comme aussi à Lemnos. De même
nous savons que le 18 août de l'année .305
les Catalans du mégaduc Roger pillèrent entièrement la petite île de Kéos, qui appartenait aux Vénitiens.

7

Tout l'argent, les chevaux, les équipages, les armes, le blé et les autres grains provenant des contributions levées par la Compagnie sur les grandes villes de la côte furent envoyés sous sûre escorte à Magnésie, où le mégaduc avait résolu d'établir son principal quartier d'hiver, « car cette cité était la place la plus sûre et la mieux fortifiée de toute l'Anatolie, et son gouverneur Attaliote paraissait tout dévoué à Roger ». Puis, après huit jours passés à Éphèse, tout l'ost marcha vers Anæa où attendaient toujours l'amiral Ferdinand d'Aunès avec les hommes de mer et le reste du contingent de Rocafort. La réception faite au mégaduc par ceux-ci fut très enthousiaste. Il semblait à toutes ces troupes réunies, si braves, si éprouvées, que rien ne pût dorénavant les empêcher d'achever l'expulsion totale des Turks et la conquête de toute l'Anatolie. Roger, pour reconnaître un si bel accueil, accorda à tous les soldats et aux marins de la flotte une nouvelle gratification. Comme la ville de Tyrraium restait désarmée, on résolut d'y mettre garnison. Pierre d'Aros, brave gentilhomme d'Aragon, y conduisit cent Almugavares et trente cavaliers. Telle était la réputation de ces bandes invincibles que cette petite troupe parut suffisante pour ce service et le fut en réalité.

Le grand conseil des chefs réunis à Anæa décida de s'enfoncer vers l'Orient à travers ces montagneuses régions de la Pisidie et de la Lycaonie, où on espérait rencontrer le gros des forces turques et en finir avec elles. Entre temps on eut à Anæa même à repousser une folle incursion de l'émir Ssarukhan d'Aïdin (1), qui ne craignait pas de venir à la tête de ses troupes et de beaucoup d'autres contingents braver la Compagnie jusque sous les murailles de cette cité, mettant tout à feu et à sang sur son passage. Le châtiment fut terrible. Sans même attendre l'ordre des chefs, les Catalans, rendus furieux par cette agression insolente, coururent épars à l'ennemi avec une telle impétuosité que celui-ci fut aussitôt cul-

(1) Que Muntaner nomme « Atia ».

buté. On poursuivit les fuyards jusqu'à la nuit, et Muntaner affirme qu'on leur tua environ mille cavaliers et deux mille fantassins. « La chose, dit-il, parut incroyable à ceux qui restèrent dans la place, la sortie s'étant faite dans le plus grand désordre, alors que le jour était déjà très avancé. » Les Turks survivants ne durent leur salut qu'à la tombée de la nuit.

Sans plus attendre, après ces quinze jours de séjour à Anæa, le mégaduc, « faisant sortir sa bannière et voulant achever de parcourir le royaume d'Anatolie », entraîna vers l'est ses troupes surexcitées par ce nouveau succès. Hélas! nous ne possédons aucun renseignement sur cette extraordinaire odyssée des bandes espagnoles à travers les plus vieilles terres de l'Asie Mineure, la Carie, la Phrygie, la Lycaonie, la Cappadoce, à travers toutes ces infinies régions si tourmentées, effroyablement ruinées et désolées par un état de guerre sans fin. Nous savons seulement que ces nouveaux Argonautes s'avancèrent en ces immensités jusqu'au pied des âpres monts du Taurus lointain, jusqu'aux frontières de la Petite-Arménie. « L'armée alla jusqu'à la Porte de fer qui sépare l'Anatolie du royaume d'Arménie », dit simplement Muntaner. Renouvelant les exploits des Godefroy de Bouillon, des Tancrède, des Baudouin et de tous ces illustres croisés, ces aventuriers sans peur cheminèrent donc à travers les rocailleux sentiers d'Anatolie jusqu'aux Portes de fer, défilé célèbre qui fait communiquer, à travers la formidable masse du Taurus, la Phrygie et la Cappadoce avec la grande plaine maritime de Cilicie qui constituait, pour lors, la portion principale du royaume chrétien de Petite-Arménie. En ces régions presque fabuleuses alors pour ces hommes ignorants venus de si loin, les rudes fils des vallons pyrénéens trouvèrent une grandiose nature alpestre qui leur rappela les plus splendides paysages de la patrie absente.

Tel était l'effroi des Turks qu'aucune troupe ennemie ne semble s'être montrée tout du long de cet infini parcours, trompant ainsi l'espoir des chefs. Suivant Muntaner et aussi Moncada, l'armée marchait à loisir, selon la commodité des lieux, rendant audace et énergie aux populations chrétiennes accourues sur son passage, les encourageant à la résistance, se faisant admirer et aimer de tous les fidèles sujets du basileus, qui exprimaient à l'envi leur joie et leur ravissement de voir les armes chrétiennes parcourir à nouveau triomphalement ces malheureuses contrées. Le récit partial des chroniqueurs byzantins est naturellement tout différent. Pour ceux-ci les Catalans, quand ils ne combattaient pas les Turks, ne faisaient que rançonner les malheureuses populations des thèmes de l'empire qu'ils traversaient. Leur rapacité, leur brutalité, les tortures qu'ils infligeaient à tous, moines et civils, grands et petits, pour leur arracher le secret de leurs trésors cachés, étaient telles que tous ces habitants infortunés en étaient venus à regretter les Turks. Suivant l'expression pittoresque de Pachymère, qui fait constamment le plus noir tableau de ces violences et de ces rapines,

« pour se délivrer de la fumée on s'était jeté
dans le feu ».

On était arrivé aux premières pentes des
monts après plusieurs semaines de marche
sans rencontrer un seul cavalier ennemi. Probablement on avait suivi la vieille et interminable route militaire byzantine par la vallée du
Méandre, la région du lac d'Apollonia, Iconium,
Baratha, Kastabala et Kybistra. On touchait aux
limites de ce défilé fameux des Portes de fer
ou Portes de Cilicie (1) qui, franchissant le
Taurus aux environs de Podandos, met en
communication l'intérieur de l'Anatolie avec la
Cilicie et qui, alors comme aujourd'hui, était
la grande route de Constantinople en Syrie
et en Palestine, de ce défilé qui, par les âpres
chemins de la montagne, avait vu passer si
souvent les armées de Byzance ou les hordes
indisciplinées de la Croisade marchant sur
Antioche ou sur la Ville Sainte de Jéru-

(1) *Pylæ Ciliciæ.*

salem! Ici la petite armée catalane fit halte.

Comme le conseil des chefs délibérait, les éclaireurs découvrirent enfin à l'aube du jour l'armée ennemie (1) disposée en embuscade à l'entrée des défilés. Des deux côtés on courut aux armes. Les Turks, pour profiter du désarroi de leurs adversaires qui n'avaient pas eu le temps de prendre position, débouchèrent incontinent dans la plaine « en belle bataille rangée, au nombre de vingt mille fantassins et de dix mille chevaux ». C'étaient là les débris de tant de défaites antérieures. Mais les Almugavares, sous leurs chefs éprouvés auxquels maintenant s'était joint Rocafort, fiers de tant de succès, se montraient pleins de confiance. « Ils se disposèrent au combat, dit leur historiographe, avec telle joie et satisfaction qu'il paraissait bien que Dieu les soutenait. »

Un combat furieux s'engagea. Je n'en recommencerai pas le récit monotone. Roger de Flor commandait la cavalerie, et Rocafort les

(1) Muntaner dit que c'étaient « les Turks de cette gabelle d'Atia (Aïdin) qui avait été déconfite devant Anæa ».

Almugavares. Des deux côtés la bataille fut constamment corps à corps et l'acharnement sans égal. Cette fois encore la valeur, la discipline d'Occident prévalurent contre la disproportion des forces. La défaite des Turks après quelques avantages au début se transforma en déroute vers le soir. Aux cris d' » Aragon, Aragon, aiguisez les fers! » qui retentissaient pour la première fois en ces terres lointaines, les Almugavares semblèrent saisis d'une fureur guerrière nouvelle. On massacra jusqu'à la nuit les cavaliers d'Aïdin. Soldats catalans et byzantins, chefs aussi, Roger de Flor et Maroulès, se couvrirent de gloire.

L'armée passa cette nuit sous les armes. Seulement au lever du jour elle put reconnaître l'étendue de sa victoire. La terre était couverte de monceaux de morts. Six mille cavaliers, douze mille fantassins turks avaient péri. Malgré l'énormité de ces chiffres, ils semblent assez exacts et s'expliquent par la fureur d'une résistance fanatique dont nous avons eu tout récemment de nouveaux exemples dans les combats livrés sur les bords du Nil entre Anglais et Mahdistes. Muntaner affirme en son sobre langage que cette fameuse journée du mont Taurus vit éclore des faits d'armes si nombreux et si extraordinaires que peut-être ils ne furent jamais surpassés par la suite. C'était au milieu du mois d'août, « le jour même de la fête de l'Assomption de madame sainte Marie ». Catalans et Turkomans combattirent certainement sous un soleil de feu, mais les historiens contemporains, estimant cette température toute naturelle, n'y font même pas allusion.

La grande armée turque des émirs d'Anatolie, si longtemps la terreur des Byzantins, semblait bien définitivement anéantie. Ses malheureux débris, abandonnant un immense butin, se réfugièrent dans les inaccessibles retraites du Taurus. L'armée, ivre de son succès, voulait à tout prix les poursuivre à travers la montagne, et ces soldats héroïques, surexcités par de fabuleux succès, dignes successeurs des demi-dieux antiques, ne parlaient de rien moins

que de poursuivre jusqu'aux rives de l'Euphrate
et du Tigre la restitution complète du vieil
empire romain. La sagesse des chefs en décida
autrement. Après huit jours de repos qui suffi-
rent à peine pour recueillir le colossal butin et
assembler les bestiaux pris aux Turks, après
avoir poussé jusqu'aux Portes de fer et salué
par un nouvel arrêt de trois jours cette limite
grandiose de l'Anatolie proprement dite où
commençaient l'Arménie chrétienne et le
royaume des fils de Roupen, le prudent Roger
de Flor, ne voyant plus d'ennemis devant lui,
donna le signal du retour, car l'automne approchait! On se trouvait dans un pays inconnu,
totalement dépourvu de subsistances. De vastes
provinces reconquises, l'ennemi quatre fois
mis en déroute, tel était le bilan de cette brillante expédition à travers ces étendues infinies
de l'Asie. Le retour, ralenti par l'énorme butin,
se fit à très petites journées et fut marqué,
disent, probablement avec quelque exagération,
les chroniqueurs grecs, par les mêmes excès.
On comptait prendre ses quartiers d'hiver aux

environs d'Anæa, mouillage excellent pour la flotte, d'Éphèse aussi, puis achever au printemps la conquête définitive de l'Asie.

Quand après bien des semaines, plutôt des mois, de marches rendues plus dures encore par la mauvaise saison, on fut de nouveau proche de cette fameuse Magnésie où le mégaduc avait placé son trésor, on reçut les plus pénibles nouvelles. Les habitants de cette cité, irrités par les réquisitions des garnisaires de Roger, croyant le mégaduc perdu à toujours dans les immensités de l'Orient, avaient fait cause commune avec l'ancien gouverneur byzantin Attaliote, traître au chef nouveau qu'il s'était donné. La conspiration avait réussi. La petite garnison catalane avait été en partie égorgée, en partie jetée dans les fers, et les rebelles avaient fait main basse sur les richesses du mégaduc. Résolus à se défendre jusqu'à la mort, ils fermèrent leurs portes à Roger, secondés par une troupe d'Alains également révoltés.

Le parti du mégaduc, que cette perte de ses

trésors touchait au point sensible, fut pris aussitôt. Il jura de se venger, et le siège de Magnésie fut instantanément entrepris. Toutes les variétés de machines de jet, de catapultes de l'époque, installées avec une promptitude extraordinaire, au dire de Pachymère, battirent les remparts, si bien qu'en très peu de jours cette petite troupe de héros fut en état de donner l'assaut avec une incroyable ardeur. Cette fois, hélas! le nombre l'emporta, et les Catalans, repoussés malgré leur éclatante bravoure, entendirent du pied des murailles les huées de leurs adversaires qui, confiant dans la force du rempart, les couvraient de sarcasmes. Une tentative pour rompre les conduits qui amenaient l'eau à la ville et pénétrer dans l'enceinte qui protégeait une source échoua de même devant une vive sortie des assiégés. Les opérations se poursuivaient depuis de longues semaines lorsque le mégaduc reçut du basileus Andronic un message fort inattendu. Il lui était par ce document ordonné de quitter incontinent l'Asie pour venir rejoindre avec tout son monde à Andrinople d'Europe le second empereur Michel et marcher avec lui au secours des deux nouveaux rois des Bulgares, propres beaux-frères du mégaduc. Ces princes, devenus héritiers de la couronne de Bulgarie par la mort de leur père Azan, se trouvaient en ce moment vivement pressés par la révolte jusqu'ici victorieuse de leur oncle paternel Sphentitslav (1). C'était surtout, au dire des écrivains espagnols, un prétexte inventé par le basileus pour arracher Roger de Flor à cette terre d'Asie où il se trouvait maintenant à peu près indépendant et tout-puissant. En réalité, Andronic, injurieusement bravé par Sphentitslav, qui lui prenait les unes après les autres ses villes de Thrace, tremblait d'être attaqué par lui jusque dans sa capitale et cherchait à réunir contre ce dangereux adversaire toutes les forces disponibles de l'empire.

Le mégaduc, furieux de devoir quitter ce royaume d'Asie qu'il avait entièrement recon-

____

(1) Voy. Lebeau, *Hist. du Bas-Empire*, t. XIX, p. 52.

quis, songea tout d'abord à refuser d'obéir. Il
en coûtait fort au cupide aventurier de devoir
renoncer à reprendre ses richesses si péniblement amassées, maintenant enfermées dans
Magnésie. Surtout Roger souffrait de voir
s'évanouir tous ses beaux rêves. Un conseil
réuni d'urgence décida cependant d'obéir aux
ordres du basileus, quitte à revenir au printemps; mais avant tout il fut convenu qu'on
tenterait un dernier assaut contre Magnésie.
Celui-ci eut une issue plus malheureuse encore
que le précédent et échoua complètement sous
les mêmes huées des assiégés. En vain Roger
de Flor épuisa sous les murs de cette place
fatale toutes les ressources de la science militaire de l'époque, tous les prodiges de valeur
de ses Almugavares combattant sous ce ciel
embrasé. En vain il s'humilia jusqu'à offrir de
s'en aller à condition qu'on lui restituât ses
trésors. On lui opposa le plus insolent refus.
Ses auxiliaires alains l'ayant définitivement
abandonné, force lui fut bien de partir sans
avoir pu rentrer en possession d'aucune des

richesses conquises par les assiégés. C'était une grande honte et une bien plus grande douleur!

Le prétexte pour la levée du siège, en vue de ménager l'orgueil catalan, fut l'ordre envoyé par le basileus; mais cette explication fut loin de satisfaire la Compagnie, et beaucoup parmi les soldats de Roger ne purent lui pardonner d'avoir dû renoncer à châtier les Magnésiotes. Il y eut pour la première fois comme un vent de mutinerie dans la petite armée latine.

La Compagnie arriva bientôt à Anæa, où jadis avait débarqué Rocafort. Là, devant l'insuccès du siège de Magnésie et l'hostilité grandissante des populations grecques d'Asie Mineure, on se décida, la mort dans l'âme, à obéir définitivement aux ordres du basileus et à regagner l'Europe. Pour Roger de Flor c'était tout un songe brillant qui s'écroulait. Dès longtemps il avait acquis la conviction que les basileis n'avaient aucune chance de reprendre pied solidement en Asie Mineure, et tout naturellement cet esprit ambitieux qui rêvait grand, confiant dans la force invincible de ses troupes, songeait à se tailler sur les ruines de la puissance impériale, en ces riches contrées qu'il parcourait en maître, une de ces royautés d'aventure telles qu'en avaient tant vu s'élever les deux siècles de croisades qui s'achevaient à peine. Roger était tout prêt, du reste, imitant en ceci les princes latins d'Antioche, bien d'autres encore, à acheter au besoin cette souveraineté au prix d'un hommage dérisoire au basileus de Constantinople, suzerain forcé d'un vassal qui parlait en maître. Les Turks, momentanément, n'étaient plus un danger. Nicéphore Grégoras nous dit que, terrifiés par la discipline, la violence d'attaque, l'impétuosité de ces soldats francs jusque-là si ignorés d'eux, ils s'éloignèrent pour un temps non seulement de Constantinople, mais encore bien au delà des frontières de l'antique empire romain. Roger, excité par tant de circonstances favorables, n'avait négligé aucune occasion d'augmenter le nombre de ses partisans. Partout il avait cherché à gagner la confiance des gouverneurs byzantins.

Il fallut renoncer à ce beau projet de royauté asiatique. Andronic, je l'ai dit, en rappelant en Europe Roger de Flor et ses bandes, n'obéissait pas au seul désir de traverser les plans ambitieux de ce grand aventurier. La situation était fort grave au sud du Balkan. L'usurpateur bulgare, que de nombreux griefs dont Pachymère nous donne l'énumération avaient rempli pour les Paléologues d'une haine mortelle, marchait de conquête en conquête. Ses troupes avaient enlevé aux Byzantins nombre de villes importantes en Thrace. Mésembrie, Sozopolis, Agathopolis, Anchiale, places voisines de la capitale, allaient subir le même sort.

L'empereur alarmé avait envoyé son fils, le second basileus, contre les Bulgares, lui donnant pour conseiller un chef militaire de premier rang, le protostrator Glavas Tarchaniote. On avait levé des troupes, rappelé les vétérans, fondu la vaisselle du palais, vendu les bijoux de la jeune basilissa Marie, fille du roi d'Arménie. Malgré un grand succès remporté par Michel sur un des parents de l'usurpateur, la situation n'avait fait qu'empirer. Le vieux basileus tremblait que son fils ne fût plus en état de résister aux efforts de l'ennemi.

La renommée des excès commis par les mercenaires espagnols était parvenue jusqu'à l'armée d'Andrinople, y excitant la plus vive indignation. Michel, qui tant détestait les aventuriers catalans, ne voulait pas entendre parler de les voir arriver à son secours. Il voulait bien par contre profiter de la situation présente pour leur faire tout le mal possible. Estimant qu'il était temps de lever le masque, sous prétexte de donner satisfaction à la haine que son armée portait à ces turbulents étrangers, il fit publier un chrysobulle réduisant le service des troupes grecques en Asie, ordonnant surtout qu'elles n'eussent plus jamais à combattre aux côtés des Catalans ou sous les ordres de leurs chefs. Roger, ainsi abandonné par les derniers contingents impériaux, voyant ses Almugavares fort réduits par tant de combats, fit contre fortune bon cœur. Feignant de se rendre aux ordres de l'empereur, il conservait au fond de son âme le secret espoir d'extorquer à Andronic de nouveaux subsides et de regagner ailleurs les trésors qu'il se voyait contraint d'abandonner à Magnésie.

Donc, vers les débuts de l'automne de l'an 1304, après avoir tenu à Anæa un grand conseil des chefs, les Catalans, se promettant bien de revenir en Anatolie dès le printemps prochain, reprirent le chemin de l'Europe par le littoral de l'Ionie d'abord, de la Mysie ensuite. L'armée longeait la mer à petites journées; la flotte suivait, contournant les sinuosités de la rive tout en pillant les îles. On allait ainsi côte à côte, prêts à se porter secours au besoin. Tout le long de ces beaux rivages, l'armée chargée du butin de l'Asie, continua à rançonner les villes et les villages, et c'est à ce passage des Catalans en ces parages qu'il faut rapporter les atrocités commises à Mételin, à Chio, dans d'autres îles encore, atrocités dont j'ai parlé plus haut et dont Nicéphore Grégoras et Pachymère nous font le noir tableau. On laissa des garnisons dans les localités les plus importantes, bien que ce ne fût point nécessaire, au dire de Muntaner, tant on avait nettoyé toute la contrée des partis turkomans. « Aucun d'eux n'osait paraître dans tout le royaume d'Asie, de telle sorte que ce royaume était entièrement rétabli. » Éphèse, Smyrne, Phocée, Adramyttion, Assos, les ruines de Troie furent sans doute les étapes principales de cette longue marche vers le nord. Enfin, on atteignit à Abydos et à Lampsaque la rive méridionale de l'Hellespont, le détroit des Dardanelles d'aujourd'hui, la « Bouche d'Avie » de nos vieux chroniqueurs. Ici la Compagnie s'embarqua, mais d'accord, semble-t-il, avec le basileus, auquel on avait expédié à cet effet un « lin » armé, au lieu de prendre la direction de Constantinople ou de s'en aller directement rejoindre l'armée d'Andrinople, on traversa simplement le détroit si resserré en ce point pour aborder juste en face d'Abydos, dans la presqu'île de Gallipoli. La Compagnie prit aussitôt quartier en ces lieux que son long séjour allait tant illustrer. C'était, dit Pachymère, au moment des labours, c'est-à-dire vers la fin de l'automne de l'an 1304. Cette péninsule fameuse, l'antique Chersonèse de Thrace, jadis conquise par Miltiade au nom d'Athènes, qui, dans des temps très récents, a acquis un triste regain de célébrité par son hôpital de cholériques lors de la guerre de Crimée, constituait pour nos aventuriers une position centrale de tout premier ordre. Son importance stratégique n'avait pas échappé à un chef aussi habile que l'était Roger. Qui tenait fortement cette péninsule tenait du même coup le passage des détroits et pouvait à son gré affamer Constantinople. Cette langue de terre basse, étendue entre les Dardanelles et l'ancien golfe de Saros ou de Mégarix, environnée ainsi de toutes parts par les eaux, était à cause de son étroitesse même très facile à défendre contre toute attaque venant du continent.

CHAPITRE III

« Le cap de Gallipoli, dit Muntaner, a bien certainement quinze lieues de long, et n'a nulle part plus d'une lieue de large, et de chaque côté la mer vient la battre. C'est le plus agréable cap du monde, le plus fertile en bons grains, en bons vins et en toutes espèces de produits naturels en grande abondance. » On comptait sur cet espace divers bons « kastra » byzantins, entre autres celui d'Hexamilion ou Examile, la Lysimachie antique, défendant l'entrée même de la presqu'île, puis encore plusieurs petites villes et villages, Gallipoli, Ægos Potamos, poétique patrie d'Héro et de Léandre, Sestos, Madytos, enfin de très nombreuses habitations rurales, amples et riches.

Le basileus manda à Roger qu'il eût à faire reposer ses hommes en ce lieu si propice. Le mégaduc, qui n'avait pas choisi au hasard cette position formidable, obéit avec empressement. Les Catalans, ces Latins déjà tant détestés, étaient, à ce moment, au dire de Muntaner, au nombre de huit mille environ. Lorsque le mégaduc eut convenablement réparti tout son monde en ce plantureux séjour, « dans les mêmes conditions honnêtes qu'à Cyzique », affirme Muntaner, dans les mêmes conditions d'effroyable exaction, de sanglante oppression vis-à-vis des malheureux habitants, affirme de son côté Pachymère, il courut avec cent cavaliers à Byzance par la rive nord de Marmara pour y voir le basileus, « ainsi que madame sa belle-mère et sa femme ». C'était vers la fin d'octobre, au témoignage de Pachymère.

« Roger fut reçu dans la capitale à grande fête et grand honneur. » Il arrivait tout auréolé du prestige de ses victoires d'Asie. La ville entière accompagna l'heureux aventurier jusqu'au palais des Blachernes, où il allait saluer le basileus. Et cependant il venait réclamer à Andronic trois cent mille besants encore pour les services rendus par ses soldats! Certes le prétexte de son voyage à Constantinople était de rendre compte au basileus des opérations de la Compagnie en Asie, mais la question d'argent dominait tout.

Malgré la détresse du trésor, le vieil Andronic eût eu mauvaise grâce à se montrer trop avare à l'endroit de tels alliés, car, au seul bruit, prétend Muntaner, de l'arrivée de la Compagnie, le roi usurpateur de Bulgarie, considérant sa cause perdue par l'entrée en scène d'aussi redoutables adversaires, avait envoyé demander la paix sans conditions au basileus! « Ainsi, s'écrie fièrement le dévoué chroniqueur, au moyen des Francs, l'empereur obtint tout ce qu'il voulait en cette guerre. » Ceci était pure vantardise, ainsi que nous l'allons voir.

Les historiens grecs racontent les choses tout autrement. Ils disent, par exemple, que si le basileus Andronic fut si pressé d'annoncer beaucoup trop vite au mégaduc l'heureuse terminaison de la guerre de Bulgarie, c'est que le second basileus Michel se refusait absolument à laisser venir à Andrinople les auxiliaires catalans. Il affirmait que leur arrivée, à cause des atrocités commises par eux en Asie, serait le signal des plus graves désordres. Il soutenait que leur insolence lui était personnellement insupportable, et que le chef des Alains, Georgios, ne leur ayant jamais pardonné le meurtre de son fils, un éclat des plus graves serait à prévoir. C'est pourquoi le vieil empereur, changeant brusquement d'avis, voulait maintenant renvoyer la masse de la Compagnie contre les Turks en Asie, en ne retenant que mille hommes d'élite pour les expédier, sous la conduite de Roger, à l'armée d'Andrinople. Malgré l'intervention des princesses Irène et Marie, déléguées à cet effet par Andronic auprès du mégaduc, celui-ci, d'accord avec le conseil des chefs catalans, se refusa à accepter même en principe cette division des forces espagnoles(1).

« Et le mégaduc dit à l'empereur qu'il donnât sa paye à sa troupe! » C'est la demande à chaque instant formulée au nom de cette pieuvre insatiable aux mille bras qui était la Compagnie. Malheureusement cette fois les coffres des Paléologues étaient bien absolument vides. L'Asie, depuis longtemps pillée à fond, ne pouvait plus rien donner. L'Europe avait été ravagée par la guerre bulgare. Le basileus Andronic hésitant, troublé par la nouvelle que l'armée d'Andrinople demandait à grands cris à aller attaquer les Catalans, incapable cependant de renoncer entièrement à la confiance qu'il mettait dans le mégaduc, se montra cette fois peu traitable. Force fut à Roger de se contenter d'une faible somme. Encore celle-ci lui fut-elle payée en pièces d'or de mauvais

(1) PACHYMÈRE, *Andronic*, liv. VI, chap. III, s'étend très longuement sur toutes ces négociations.

aloi, en besants altérés frappés expressément à cette occasion, « à mauvaise intention, pour faire naître débats et mésintelligence » entre Catalans et Byzantins, nous dit Muntaner, qui est seul à nous révéler ce fait curieux (1). Cette

(1) Voici le texte de ce passage de l'écrivain catalan : « Et quand cette paix de Bulgarie fut faite, le mégaduc dit à l'empereur qu'il donnât la paye à sa troupe, et l'empereur dit qu'il le ferait, et il fit battre monnaie en imitation du ducat de Venise, qui vaut huit deniers barcelonais ; et il en fit aussi fabriquer une autre espèce qu'on appelait des *vintilions* et qui ne valaient pas trois deniers chacun. Et il voulut qu'ils eussent cours pour le même prix que ceux qui valaient huit deniers. Et il ordonna que les Francs se feraient fournir par les Grecs les chevaux, mules, mulets, vivres et autres choses dont ils auraient besoin, et qu'ils les payeraient ensuite avec cette monnaie. Et l'empereur agit ainsi à mauvaise intention, c'est-à-dire afin de faire naître débat et mésintelligence entre les habitants et l'ost : car après avoir obtenu le succès qu'il voulait de toutes ses guerres, il aurait désiré que tous les Francs fussent morts et hors de l'empire. »

Pachymère fait aussi allusion à cette altération de la monnaie : « Le basileus, dit-il, altéra alors la monnaie pour fournir aux nécessités du moment. L'altération de la monnaie avait commencé sous Jean Dukas, qui n'avait laissé aux monnaies qu'une moitié d'or pur. Cet usage s'était continué depuis cette époque. Enfin Michel Paléologue, après avoir recouvré Constantinople, forcé à de nombreuses dépenses, résolut de changer les types anciens en faisant mettre l'effigie de Constantinople au revers, et à cette occasion il altéra de nouveau les monnaies de manière que sur vingt-quatre parties il y en eut quinze d'alliage et qu'il n'en resta que neuf d'or pur. Après ce temps, il y eut quelque amélioration, car on réduisit les parties d'alliage à quatorze, et celles d'or furent

mesure fiscale déloyale mit le comble au mécontentement des Catalans et de leurs chefs. « L'empereur n'agissait ainsi, s'écrie Muntaner, que dans le diabolique dessein de brouiller encore davantage les étrangers avec les Grecs en les mettant dans l'impossibilité de solder leurs dépenses en monnaie de bon poids. » Le mégaduc refusa de prendre ces besants mauvais. Ainsi il n'eut rien, ce qui le mit en fureur.

Presque conjointement avec l'arrivée de Roger dans la capitale, on avait vu débarquer au port de Madytos, dans la presqu'île de Gallipoli, un nouvel arrivant, le dernier des grands capitaines d'aventuriers des guerres de Sicile, le dernier des retardataires de l'expédition qui avait quitté Messine en 1302. Celui-là avait nom Bérenger d'Entença, d'illustre noblesse espagnole. Il s'était, lui aussi, couvert de

portées à dix. Dans cette dernière occasion on enleva encore une moitié de ces dix parties d'or pur, pour y substituer une augmentation d'alliage. De là la perte de la confiance et de la fortune publiques. » — Voy. encore SABATIER, *Description générale des monnaies byzantines,* t. II, p. 241.

gloire dans les guerres contre les Angevins. Lui aussi, après avoir été longtemps retenu en Sicile par des soins divers, s'était embarqué à Messine, d'où il amenait un magnifique renfort attiré par le bruit des exploits et du butin gagnés en Asie, neuf grandes galères montées par trois cents hommes de cheval et mille Almugavares. C'est à peine si la réputation guerrière de ce chef le cédait à celle de Roger. Sur la route lui et ses hommes, par passe-temps, avaient pillé et rançonné divers comptoirs vénitiens et dévalisé un navire de cette nation à Quaglio. C'est en octobre 1304 qu'ils arrivèrent à Madytos, accueillis par des manifestations joyeuses. Roger de Flor, averti de la présence d'Entença par deux cavaliers que celui-ci lui envoya, tout à la joie de la venue de ce vieux compagnon de guerre, le manda aussitôt auprès de lui dans la capitale. Il y arriva dans les premiers jours de décembre. Le vieux basileus, forcé par sa faiblesse même de ruser constamment, songeant à tout le parti qu'on pourrait habilement tirer de l'ambition de ce nouveau venu, fit à Entença un accueil particulièrement favorable (1).

Roger de son côté reçut Entença avec chaleur. Pour s'attacher cet homme dont il se défiait, il alla jusqu'à lui céder sa charge brillante de mégaduc. Voici le récit de cet incident dans Muntaner : « Lorsque Bérenger d'Entença fut arrivé depuis un jour, le mégaduc s'en vint à l'empereur et lui dit : Seigneur, ce riche homme est un des plus nobles hommes d'Espagne qui ne soit fils de roi; c'est un des bons chevaliers du monde; il est avec moi frère; il est venu vous servir pour votre honneur et par amitié pour moi; il est donc néces-

(1) Au dire de Nicéphore Grégoras, Andronic, qui, connaissant dès longtemps la réputation de ce chef, comptait, avec sa duplicité toute byzantine, l'opposer au trop encombrant mégaduc, lui aurait dépêché en Sicile même message sur message pour hâter son départ et l'attirer à Constantinople par les offres les plus avantageuses. Le messager chargé par le mégaduc de mander Entença dans la capitale lui remit encore deux chrysobulles signés de la main même du basileus, scellés de sa bulle et portant sauf-conduit. Pachymère (*Andronic*, liv. VI, chap. VI et VII) affirme au contraire, on l'a vu, qu'Andronic ne fut pour rien dans la venue d'Entença, et que ce fut probablement Roger qui, par la renommée de ses succès ou par ses promesses, fut cause de la venue de ce capitaine en Orient. Cette version me paraît plus vraisemblable.

saire que je lui fasse un plaisir signalé ; et ainsi, avec votre permission, je lui donnerai le bâton de mégaducat, afin que de là en avant il soit mégaduc. Et l'empereur lui dit que cela lui faisait plaisir. Et quand il vit la générosité du mégaduc qui voulait se dépouiller du mégaducat, il dit en soi-même qu'il fallait que cette générosité lui comptât. Le lendemain, devant l'empereur et toute la cour plénière, le mégaduc ôta de dessus sa tête le chapeau du mégaducat et le plaça sur la tête de Bérenger d'Entença, et puis lui donna le bâton, le sceau et la bannière du mégaducat, de quoi chacun s'émerveilla. » Ceci se passait le jour de Noël de l'an 1304.

Pachymère, qui fixe à tort à une date antérieure à la fin d'octobre cette élévation d'Entença au mégaducat, la raconte dans les mêmes termes. Il ajoute seulement que le basileus, effrayé par les discours de Roger, qui, une fois de plus, réclamait pour les siens les fameux trois cent mille besants, accueillit très froidement le nouveau venu et demanda pourquoi il était arrivé ainsi sans être mandé. Le chroniqueur byzantin ajoute que le défiant Entença ne descendit de sa galère pour aller saluer le basileus que lorsque celui-ci lui eut envoyé à bord, en qualité d'otage, son propre fils, le despote Jean. Quelles relations pénibles et humiliantes autant que bizarres!

On pense bien que Roger ne s'était pas dépouillé de sa charge en faveur d'Entença sans avoir obtenu pour lui-même quelque chose de mieux en échange. Il obtint simplement, nous l'allons voir, le titre nouveau et alors vraiment presque prodigieux de césar!

Depuis la venue du mégaduc à Constantinople, les intrigues n'avaient cessé de se multiplier. Les demandes d'argent de Roger devenant de plus en plus pressantes, le basileus avait décrété de nouveaux impôts pour essayer de satisfaire ses insatiables alliés. Tout fut en vain! En vain le pauvre souverain, en présence de la cour et du sénat assemblés, en un interminable discours d'un style larmoyant et irrité

tout à la fois, exposa à Roger, qu'il foudroyait
du regard, que ses compatriotes et lui avaient
déjà extorqué au trésor impérial plus d'un mil-
lion de besants, somme presque fabuleuse pour
cette époque (1). En vain il énuméra une fois
de plus tous ses griefs contre la terrible Compagnie et ses chefs, qui, pour un unique service
rendu à l'empire, la délivrance de Philadelphie,
lui avaient d'autre part causé tant de maux.
En vain il termina cette longue et curieuse
harangue, que Pachymère nous a conservée,
en jurant qu'il n'avait nul besoin d'un si grand
nombre d'auxiliaires et ne pouvait les entretenir ; que l'empire se trouvait épuisé par les
dépenses excessives qu'il avait souffertes du
chef de ces incommodes mercenaires ; que lui,
le basileus, souhaitait ardemment que ceux qui
étaient présents en avertissent les absents et
principalement le chef qui était arrivé le der-

(1) Pachymère ajoute ici cette parenthèse significative : « ... bien
que quelques-uns affirment que le basileus n'en usait que par
intelligence avec le mégaduc même, qui l'en avait prié, afin de
faire voir à ses gens jusqu'à quel point il les aimait, puisque pour
leur intérêt il se mettait en danger de déplaire à l'empereur. »

nier, afin qu'il ne demandât point ce qu'on
ne lui pouvait donner et ne se trompât point
lui-même par une vaine espérance. Tout fut
inutile. Il n'est pire sourd que celui qui ne
veut point entendre. Les Catalans, persistant à
ne pas vouloir être persuadés, finirent par s'en
prendre à leur chef de la ruine de leurs espérances.

En même temps, la puissante colonie des
Génois de Péra, voyant la situation se gâter à
ce point, s'offrit à l'empereur pour maintenir
en ordre, à l'aide de ses cinquante navires,
ces terribles étrangers. Désolés de voir le basileus tenter de négocier encore avec les Catalans, voulant à tout prix faire échouer ces
négociations, ces perfides Italiens répandirent
le bruit que la Compagnie entretenait des correspondances avec le roi de Sicile. Ils allèrent
jusqu'à affirmer, ce qui était vrai du reste, que
le fils bâtard du roi Frédéric était déjà en mer
avec une flotte de treize galères pour venir
rejoindre Roger. Pour donner plus de créance
à ces nouvelles, ils mirent en état de défense

leur faubourg de Galata et enrôlèrent à grand
bruit des mercenaires.

Le basileus, de son côté, pour combattre
Roger tentait de se rapprocher d'Entença.
Celui-ci, devenu moins défiant, avait fini par
consentir vers la Noël, après de longues négociations, à se contenter non d'un otage, mais
de la seule parole de l'empereur, qu'il allait voir
chaque jour. Chaque jour aussi Andronic recevait magnifiquement le nouveau mégaduc, lui
faisant mille avances, le comblant de somptueux
cadeaux de vêtements d'apparat, après quoi le
chef espagnol se retirait vers le soir sur ses
vaisseaux comme dans une forteresse, pour y
consommer avec ses soldats les vivres que le
basileus y faisait chaque matin transporter en
abondance. Même Entença avait fini par quitter
cette peu aimable retraite et logeait maintenant
dans Constantinople même, au monastère
fameux de Cosmidion, que l'empereur avait
mis à sa disposition. Il y avait amené ses principaux officiers, que le basileus comblait aussi
de dignités et d'honneurs. Chose extraordi-

naire, qui peint bien ces temps étranges, ces personnages assistaient aux conseils de l'empire, en y prenant une part souvent prépondérante. Lorsque Entença dut prêter serment au basileus pour sa nouvelle dignité et jurer qu'il serait l'ami de tous les amis d'Andronic, l'ennemi de tous ses ennemis, le chevaleresque aventurier, par point d'honneur, déclara qu'il devait faire exception pour le roi Frédéric de Sicile, auquel il avait jadis promis fidélité et service, et dont rien ne pourrait le détacher jamais.

Cependant les négociations continuaient avec Roger. Ses soldats, se défiant bien injustement de lui, avaient adressé directement leurs réclamations au basileus, mais leurs trois ambassadeurs : Rodrique Perez de Santa Cruz, Arnaud de Moncortes et Ferrer de Tornelas, n'avaient pu s'entendre avec celui-ci, qui les congédia froidement. D'autre part, Roger, qui était retourné à Gallipoli, se fortifiait dans cette presqu'île, et l'empereur apprit qu'il y élevait des retranchements, qu'il faisait rompre les chaînes gardiennes des détroits et saler des viandes, qu'il faisait provision de blé et de biscuit, qu'il agissait en toute rencontre avec une fierté et une hauteur extraordinaires, qu'en un mot il méditait une révolte, bien qu'il dissimulât encore ses véritables sentiments. En vain Andronic dépêcha le grand archôn Maroulès pour prier Roger, sa femme et la mère de celle-ci de venir célébrer avec lui la fête de l'Épiphanie, qui tombait le 6 janvier de l'an 1305. Le pauvre basileus n'obtint qu'un refus insultant, accompagné de nouvelles demandes d'argent et de nouvelles menaces. D'autres envoyés : Théodore Choumnos, qui fut arrêté en chemin, puis Kannabourios, puis d'autres encore, ne furent pas plus heureux. Les bruits les plus alarmants continuaient à circuler. On racontait à Byzance que don Fadrique de Sicile, jaloux de conquérir la couronne impériale, accourait en personne rejoindre ses anciens soldats à la tête d'une flotte nombreuse. Déjà un de ses bâtards favoris, Alphonse Fadrique d'Aragon, était venu rejoindre Roger avec quelques vaisseaux après avoir pillé les côtes de Morée et de Romanie. Ce fut alors que l'empereur, de plus en plus éperdu, ne trouva rien de mieux pour se concilier ce terrible Roger de Flor que de lui offrir la dignité de césar des Romains, « dignité que n'avait portée aucun étranger avant lui ». Dès le début des négociations, du reste, il avait été convenu qu'à titre de récompense personnelle Roger échangerait contre ce titre suprême tout nouvellement restauré et autrement éclatant celui de mégaduc cédé par lui à Entença. Malgré la confusion des récits contemporains, celui de Pachymère surtout, il est aisé de voir que, comme le dit Muntaner, la concession des deux dignités fut négociée à la fois.

Chose qui semblait impossible, on vit un aventurier allemand, un ancien frère du Temple, investi des honneurs jusqu'ici réservés aux seuls fils d'empereur ! « Le privilège de l'office de césar est tel, dit Muntaner, que le césar prend place sur un siège à côté de l'empereur et qu'il n'est pas une demi-paume plus bas ; et il a dans l'empire la même autorité que l'empereur; et il peut concéder des dons à perpétuité; et il peut mettre la main au trésor; et il peut lever des impôts, faire pendre, confisquer, et finalement ce que l'empereur fait, il le fait aussi. Il signe César de notre empire, et l'empereur lui écrit : César de ton empire. De l'empereur au césar il n'y a aucune différence, sinon la hauteur du siège, et l'empereur porte un chapeau rouge et tous ses habits rouges, et le césar porte un chapeau bleu et ses habits bleus, à bordure étroite. La cérémonie d'investiture fut imposante. Le basileus, devant tous, fit asseoir frère Roger en sa présence et lui donna le bâton, le chapeau, la bannière, le sceau de l'empire. Il le revêtit de ses mains des habits distinctifs de son nouveau rang. »

« Ainsi, continue Muntaner, fut créé césar l'ancien frère Roger; et depuis quatre cents ans il n'y avait pas eu de césar dans l'empire de Constantinople; aussi l'honneur en fut-il plus grand. Et lorsque tout ceci eut été fait en grande solennité et grande fête, de là en avant

Bérenger d'Entença eut le nom de mégaduc, et frère Roger celui de césar! »

Au dire de Pachymère, les concessions faites par Andronic à Roger furent bien plus considérables encore. « Andronic, écrit-il, offrit en outre à Roger de lui abandonner en fief toute la portion orientale de l'empire, c'est-à-dire tout ce que les Grecs possédaient encore en Asie, pour y commander avec un pouvoir absolu, excepté cependant dans les plus grandes cités; de continuer aussi à pourvoir à tous les besoins de ses troupes, pourvu qu'elles lui jurassent de nouveau fidélité; de leur donner enfin trente mille besants et trois cent mille muids de blé, et de veiller à l'avenir à tous leurs besoins. »

Dès la retraite des Catalans, les Turks, recommençant leurs cruelles incursions, avaient reparu sous Philadelphie. Ils tenaient cette cité derechef si bien bloquée qu'il y régnait à nouveau une horrible famine. Or il n'y avait aucune apparence qu'on pût délivrer cette grande ville sans le secours de la Compagnie. De même, tous les efforts des Génois pour exciter la défiance d'Andronic à l'endroit des Catalans n'aboutissaient, contre toutes leurs intentions, qu'à faire mieux réaliser au basileus la nécessité de gagner par tous les moyens possibles des gens aussi redoutables. Profitant donc de ce que Roger, désespérant d'obtenir ses fameux trois cent mille besants, se montrait un peu plus accommodant, le vieux souverain fit à celui-ci les propositions nouvelles dont je viens de parler, très supérieures à celles qui avaient précédé.

Ce ne fut qu'après d'interminables difficultés, pour se mieux faire valoir de ses hommes, que Roger, se retranchant d'abord prudemment derrière la prétendue irritation de ceux-ci, puis feignant enfin de se résigner, accepta ces magnifiques conditions du vieil empereur terrifié par les progrès des Turks, par le siège de Philadelphie, par l'annonce de l'arrivée prochaine dans les eaux de l'Archipel d'un nouveau prince aragonais, Fernand de Majorque, intime allié des Catalans, qui cou-

rait les mers avec plusieurs galères et corres-
pondait activement avec Roger. Le mégaduc
poussa l'insolence jusqu'à exiger d'Andronic,
avant d'accepter son invitation de retourner à
Constantinople, qu'il jurât sur la très sainte et
miraculeuse Icone de la Panagia des Blachernes de demeurer fidèle à ses promesses.
Ce ne fut qu'après avoir pris toutes ces précautions qu'il consentit enfin à revenir dans
la capitale avec les princesses sa femme et sa
belle-mère, pour recevoir l'investiture de sa
charge suprême. La cérémonie eut lieu le jour
de la résurrection de Lazare. « Roger, dit
Pachymère, reçut encore à cette occasion du
basileus trente-trois mille besants. » « A grande
allégresse, dit Muntaner, le césar et les siens
s'en retournèrent ensuite à Gallipoli vers leur
Compagnie. » Le fils du fauconnier ne devait
pas jouir longtemps des avantages de cette
dignité inouïe qui mettait le comble à son
étonnante fortune.

Je passe rapidement sur tous ces incidents
si divers de ce premier hiver passé par la Com-

pagnie à Gallipoli, sur toutes ces difficultés
sans cesse renaissantes, ces allées et venues,
ces intrigues basées sur l'extraordinaire cupidité des uns, sur la non moins prodigieuse
duplicité des autres. Je courrais le risque de
lasser le lecteur si je lui redisais, à la suite du
prolixe, confus et fastidieux Pachymère, ces
interminables négociations entre le vieux basileus tantôt boudant, tantôt tremblant dans son
palais des Blachernes, et les chefs de la Compagnie retranchés dans leur presqu'île de Gallipoli, dans le couvent de Cosmidion ou sur
leurs galères au port de la Corne d'or. Il faut
parcourir les filandreux chapitres de ce chroniqueur minutieux, si différent de l'alerte et
vivant Muntaner, pour se faire quelque idée
du spectacle étrange et tumultueux que devait
alors présenter Constantinople : la cour et le
basileus tremblant devant ces rudes chefs
d'aventuriers dont l'insolence dépassait toutes
bornes. Un jour, c'est Roger qui jette dédaigneusement aux genoux de l'empereur la mauvaise monnaie que le trésor lui a livrée. Une

autre fois, c'est Bérenger d'Entença qui, arrivant à Constantinople, refuse de descendre à terre si on ne lui envoie le fils même de l'empereur en otage. Il garde pour lui, menaçant longtemps de ne la rendre jamais, toute la vaisselle d'or et d'argent, plus de trente pièces d'orfèvrerie admirable, qui avaient servi à lui porter les présents de l'empereur avec les mets de la cuisine impériale. Sacrilège inouï pour ces Byzantins esclaves de l'étiquette, il se sert de ces vases pour les plus vils usages. Lorsque le basileus lui confère la dignité de mégaduc, il s'en moque tout haut devant les envoyés-impériaux, demandant quels sont ces insignes grotesques dont on veut l'affubler. Il se sert du capuchon du « scaramangion » ou manteau de cérémonie pour puiser de l'eau de mer, et renvoie sans réponse les malheureux dignitaires qui l'invitent de la part de leur maître à la fameuse fête des Lumières, la Chandeleur des Byzantins.

Cet Entença était peut-être le plus arrogant de tous les chefs espagnols. Après avoir longtemps boudé le basileus qui ne lui accordait pas tout ce qu'il réclamait, il se décida, lui aussi, à retourner à Gallipoli, furieux de ne pas avoir obtenu davantage. Il s'amusa à cette occasion à faire insolemment défiler ses galères sous les fenêtres du palais des Blachernes, sans même saluer le basileus, « chose qui ne se pouvait croire », s'écrie le solennel Pachymère. Exaspérés par tant d'impudence, les Génois et les marins impériaux monembasiotes (1), élite de la flotte impériale, voulurent lui courir sus et couler ses navires, dont un avait été enlevé par lui à ces derniers. Ce fut Andronic qui les en empêcha par ses supplications, « soit qu'il redoutât un conflit, dit Pachymère, soit par suite de son incurable et innée faiblesse ». Un vent favorable s'étant levé, le grossier *condottiere*, brûlant ainsi la politesse au malheureux souverain qui l'avait si grassement hébergé, partit de nuit pour rejoindre ses compagnons à Gallipoli, « avec la hâte, dit lourdement Pachy-

(1) C'est-à-dire originaires de la ville de Monembasie de Morée.

mère, d'un bœuf famélique qui court au pâtu-
rage ».

Le césar Roger, qui avait ramené dans cette
ville aussitôt après l'Épiphanie les deux princesses, sa femme et sa belle-mère, ainsi que
ses deux beaux-frères, dont l'un était le nouveau roi des Bulgares, était sans cesse sur le
chemin de Constantinople, réclamant toujours
des subsides, ne laissant au basileus ni trêve
ni repos. Cette fois, il était revenu très peu
satisfait auprès de ses soldats furieux de le voir
rentrer une fois encore les mains vides. Ils
avaient été jusqu'à l'accuser de connivence
avec le basileus et l'avaient menacé. Lui, pour
se disculper, avait fait mettre la Compagnie
sous les armes sur un vaste terrain vague aux
portes de Gallipoli, et là, du haut d'une émi-
nence, il avait prononcé une harangue tout
enflammée d'invectives contre les Grecs et leur
perfide souverain. Pachymère nous a conservé
un résumé de cet extraordinaire discours.

Dix jours ne s'étaient pas écoulés que le
mobile césar, obéissant à d'autres influences

ou craignant d'en avoir trop dit, écrivait au basileus des lettres fort humbles, mettant sur le compte de l'irritation de ses hommes les paroles trop violentes qu'il avait prononcées, offrant des conditions plus modérées. La grande querelle était toujours que l'un ne pouvait et ne voulait donner que de la monnaie de bas aloi, que l'autre en réclamait impérieusement de la bonne. Enfin, dans une conférence suprême tenue au Palais, on en était venu au compromis si favorable à Roger dont j'ai parlé plus haut et qui lui livrait l'Asie. A ce compte, le nouveau césar pouvait bien accepter de la monnaie falsifiée; « ainsi fit-il », dit quelque peu cyniquement Muntaner, « parce que peu lui importait que dans ces pays où il allait aller, et où il était sûr de parler en maître, le peuple ne fût pas content de la manière dont on le paye-rait ».

Seulement le basileus entendait que Roger ne gardât que trois mille de ses hommes à son service et comptait bien arriver à licencier les autres. Pour le décider à ce sacrifice et aussi à ce retour en Asie, il lui offrait, on l'a vu, pour lui et ses lieutenants, la suzeraineté sur ce qui restait encore aux Byzantins dans ce pays et sur les îles de Romanie, c'est-à-dire l'Archipel, plus tout ce qu'il pourrait reconquérir sur les Turks. Roger avait accepté en principe cette réduction de l'armée, mais ceci ne faisait pas le compte de ses lieutenants, dont aucun ne consentait à se sacrifier et à abandonner ce chef qui partait bien décidé, dès qu'il serait arrivé en Anatolie, à se faire proclamer roi d'Asie Mineure. Tous voulaient l'accompagner pour se partager le pays conquis, comme deux siècles auparavant les guerriers de la Croix l'avaient fait en Syrie. La prise de Constantinople par les Latins, la chute des Comnènes sous les coups des Croisés de l'an 1204 étaient des événements trop récents pour qu'ils ne vinssent pas hanter les rêves ambitieux de tous ces aventuriers.

On en était là, la Compagnie faisait ses derniers préparatifs de départ pour franchir à nouveau l'Hellespont, lorsqu'un événement tragique vint précipiter un dénouement trop prévu.

Quand la fortune, après avoir porté un de ses favoris aux sommets, l'abandonne brusquement, elle le pousse parfois aux résolutions les plus inconcevables, les plus téméraires. Dès longtemps, le césar Roger n'en était plus à ignorer la haine farouche que lui portait le second basileus Michel IX, dont la sombre et énergique attitude contrastait avec la personnalité falote de son faible père, caractère irrésolu à l'excès, toujours cédant. Très malheureusement pour l'empire, le soin de la défense des frontières contre l'éternel péril bulgare retenait presque constamment le jeune prince au camp d'Andrinople. Il venait d'y ramener son armée après que le traité définitif avec les chef catalans lui eut permis de quitter ses cantonnements d'Apros. De ce lointain commandement, le jeune souverain ne se gênait point pour combattre ouvertement ces étrangers maudits qui causaient tant de soucis à son père. Il les traitait publiquement de pillards et de mécréants. Fût-ce bravade, excès de confiance, fût-ce au contraire dans le désir de détruire les préjugés que nourrissait contre lui le basileus Michel, ou pour toute autre raison, malgré les instances des princesses et de ses lieutenants, le césar, qui, après avoir passé la fin de l'hiver en fêtes avec les siens et avoir payé leur dépense avec la basse monnaie donnée par l'empereur, avait fait passer déjà une portion notable de ses hommes en Asie, à Cyzique, à Pegæ, à Lopadion, déclara qu'avant de franchir de sa personne le détroit, il considérait comme de son devoir d'aller présenter ses hommages au jeune prince et prendre congé de lui.

« Le césar, écrit Muntaner, dit à madame sa belle-mère et madame sa femme qu'il voulait aller prendre congé de Kyr (1) Michel, fils aîné de l'empereur; et sa belle-mère et sa femme le prièrent qu'il n'en fît absolument

_____

(1) « Seigneur. »

rien, attendu qu'elles savaient bien qu'il était grandement son ennemi, et qu'il lui portait une telle envie que certainement, s'il se trouvait en un lieu où il eût un plus grand pouvoir que lui, il le ferait périr, lui et tous ceux qui seraient avec lui. Et le césar répondit que pour rien au monde il ne s'en dispenserait; que grande honte serait à lui s'il partait de Romanie et entrait au royaume d'Anatolie avec l'intention d'aller se fixer à jamais dans le voisinage des Turks qu'il aurait à combattre sans avoir pris congé de lui, et que cela lui serait compté à mal. Que vous dirai-je? Sa belle-mère, sa femme et ses beaux-frères étaient si affligés de sa détermination qu'ils réunirent tout le conseil de l'ost et lui firent demander que pour rien au monde il n'allât en ce voyage. Et ce fut en vain qu'ils le dirent; car rien ne put le décider à s'en dispenser (1).

(1) Pachymère fait dire sur ce même sujet à Roger parlant à ses soldats, « qu'il apprenait que le basileus Michel venait à la tête des troupes grecques pour le combattre; que le serment de fidélité par lequel il s'était lié à l'empereur l'obligeait à aller au-devant de lui pour le saluer avec respect et à mettre un genou en

Si bien que, quand sa belle-mère, sa femme et ses beaux-frères virent que pour rien il ne voulait rester, ils le prièrent de leur donner quatre galères; car eux tous voulaient aller à Constantinople. Le césar appela donc l'amiral Ferrand d'Aunès et lui dit de transporter à Constantinople sa belle-mère, sa femme et ses beaux-frères. Et la femme du césar ne devait pas passer en Anatolie, parce qu'elle était grosse de sept mois, et que sa mère voulait qu'elle accouchât à Constantinople; et la dame resta à Constantinople, et en son temps elle accoucha d'un beau garçon qui vivait encore quand j'ai commencé ce livre. »

Pachymère, qui, en bon Byzantin, ne sait

terre à quarante pas, mais qu'il aurait soin de sa conservation et de celle de ses soldats, et qu'il serait prêt à tuer ou à mourir; qu'il ne fallait pas que les siens se missent en peine de leur chef; qu'il ne convenait pas à un homme de cœur de se laisser arrêter par une crainte semblable, et qu'il fît ainsi, pour ainsi dire, naufrage au port ». Les craintes des soldats de Roger n'étaient pas sans fondement, si on en juge par ce qui se passa, et « qui avait été bien probablement préparé par l'empereur », d'après l'aveu de Pachymère lui-même. On sait par ce chroniqueur qu'Andronic avait ordonné aux troupes de son fils de venir camper près d'Apr.s et de combattre les Catalans et les Almugavares, si ceux-ci le venaient attaquer.

assez haïr Roger, met encore ce voyage de la femme du césar sur le compte de la duplicité de celui-ci. « Il eut l'adresse, dit-il, d'envoyer sa femme à Constantinople, bien qu'elle fût grosse, pour représenter au basileus qu'il lui était impossible d'expédier ses troupes en Asie, et de leur faire franchir à nouveau les détroits avant que l'empire leur eût auparavant accordé les sommes qu'elles demandaient. »

Le césar partit donc pour Andrinople, qui n'était qu'à cinq journées de cheval de Galli-poli, laissant dans cette place pour sénéchal de l'ost en son absence Entença et pour capi-taine et commandant Bérenger de Rocafort. Il partit hardiment, au grand jour, n'emmenant avec lui que trois cents cavaliers et un millier d'hommes de pied, laissant aux deux basileïs tout le temps nécessaire pour méditer leur tra-hison (1). Si ce *condottiere* était sanguinaire,

(1) Nicéphore Grégoras dit que les compagnons du césar n'étaient que deux cents, mais tous d'élite. — Pachymère dit qu'ils n'étaient que cinquante, choisis parmi les meilleurs. Ce chroni-queur ajoute que le but principal du voyage d'Andrinople était

pillard et cupide, il avait du moins l'âme haute
et vaillante. « Il agissait ainsi, dit le chevaleresque, mais trop partial Muntaner, par la
grande loyauté qu'il portait en son cœur, et
par le délicat amour et la droite foi qu'il avait
en l'empereur et en son fils, et il pensait que
de même que lui était plein de loyauté, de
même étaient l'empereur et son fils; mais
c'était tout le contraire, comme cela se prouvera
par la suite et ainsi que vous l'apprendrez. »

Ce fut une grande surprise pour le basileus
Michel, au moment où, dans la journée du
28 mars 1305, il passait auprès d'Andrinople
une revue de ses troupes, d'apprendre de la
bouche de son beau-frère, le prince bulgare
Azan, l'arrivée dans cette ville du césar et de
sa petite troupe. Pachymère dit que Michel fit
de suite demander à Roger s'il venait le trouver
de son chef ou sur l'ordre du basileus son père.
Roger répondit qu'il venait pour l'assurer de

d'espionner les forces placées sous le commandement du jeune
basileus.

ses respects et prendre congé de lui avant de passer en Asie.

Le jeune basileus, dissimulant son courroux et sa soif de vengeance, vint à grand honneur aux portes d'Andrinople, à la rencontre de l'heureux capitaine. « Et ce fut pure méchanceté, dit Muntaner, car ce n'était que pour voir avec quelle suite il venait. »

C'était, au dire de Pachymère, le quatrième jour de la semaine que les Grecs appellent de saint Thomas. Michel feignit une grande joie. Six jours durant les fêtes, les festins se succédèrent au palais qu'habitait le second empereur. « Celui-ci, dit le chroniqueur byzantin, fit au césar toutes les caresses possibles, le conjurant de ne plus exercer de tyrannie contre les Grecs. Roger reçut fort bien cette prière. Chaque jour, il prenait congé du basileus avec de grands témoignages d'affection. » Le septième jour enfin, arrivèrent les troupes disséminées sur la frontière bulgare, que le jeune empereur avait secrètement rappelées. C'étaient, outre des contingents purement grecs sous le commandement du grand primicier Cassien et du grand hétériarque Nostongos Dukas, neuf mille Alains et Turkopoules commandés, les premiers par leur vieux chef Gircon ou Georgios, les seconds par leur prince ou « mélek », un Bulgare du nom de Boésilas. On appelait, on le sait, à cette époque, dans tout l'Orient, de ce nom de Turkopoules les nombreux aventuriers de race turque, véritables *condottieri* musulmans, qui, sans abdiquer leur religion, servaient en corps sous la bannière des basileis ou sous celle d'autres princes chrétiens du Levant.

Tous ces guerriers d'origine si différente étaient ennemis acharnés des Latins. Tous brûlaient de venger dans le sang espagnol d'anciens ou de nouveaux, mais toujours cuisants griefs. Il fallait que les treize cents soldats du césar fussent de terribles compagnons pour qu'un homme aussi courageux que le jeune basileus Michel eût cru devoir convoquer une telle masse de troupes pour les anéantir. N'était-elle point étrange entre toutes, cette époque qui mêlait dans les rues de l'antique Hadrianopolis, l'ancienne colonie Hadrienne, devenue place frontière principale de Byzance vers le Nord, ces combattants de races si diverses, Espagnols, Navarrais et Majorquins, Alains, cousins des Scythes, Turkomans venus des hauts plateaux de l'Asie centrale, paysans grecs ou slaves de Thrace ou d'Anatolie?

Ce jour donc du mois d'avril de l'an 1305, on festoyait pour la septième fois dans le grand triklinion du palais impérial à Andrinople. Le basileus Michel et sa charmante épouse arménienne, la jeune basilissa Marie en personne, celle-ci dérogeant en ce point à la sévère étiquette des gynécées byzantins, traitaient le césar Roger et ses hardis lieutenants. L'animation des convives était à son comble. Soudain, comme le festin s'achevait, par toutes les portes se précipitent, poussant d'affreux hurlements, des soldats alains par centaines (1). A

____

(1) Je suis ici le récit en apparence si véridique de Muntaner. Pachymère dit que le césar fut massacré par le chef alain Geor-

leur tête s'avance leur vieux chef, qui brûle de venger son fils jadis massacré dans les rues de Cyzique. Le césar se lève d'un bond. Il veut saisir son épée, mais il est incontinent accablé sous le nombre. Le chef barbare lui enfonce son épée dans les reins. Il tombe comme une masse. On le met en pièces, et, durant qu'on égorge ses compagnons surpris, durant qu'ils s'affaissent de toutes parts sur le pavé sanglant, la basilissa affolée s'enfuit de chambre en chambre. « Ainsi tomba mort, s'écrie le bon Byzantin Pachymère, ce barbare injuste et insolent, mais ardent et intrépide. » Il n'avait pas quarante ans!

Les Alains, enragés contre lui, achèvent ses derniers compagnons de banquet, puis, animés d'une fureur folle, tandis que Michel IX éperdu demande à grands cris si la basilissa est sauve et feint de pleurer le césar mort, ces barbares se jettent à cheval et donnent la chasse

gios à la porte des appartements de la basilissa, alors que pour présenter ses devoirs à celle-ci il venait de quitter son escorte ordinaire.

à la masse des soldats catalans dispersés dans la ville. Michel, fort prudemment, avait défendu de les avertir et commandé de les désarmer, puis de les emprisonner. Attaqués à l'improviste, tous ces vaillants périrent sans presque pouvoir se défendre. On les massacra sans pitié, malgré les objurgations plus ou moins sincères du prince Théodore, oncle du basileus, envoyé trop tard pour arrêter cette tuerie. Seuls parmi cette masse de combattants, trois chevaliers espagnols parvinrent à se réfugier dans une tour d'église. Muntaner donne les noms de ces obscurs héros : le premier avait nom Raymond Alquer, fils de Gilbert Alquer, chevalier de Catalogne, natif de Castellon d'Ampurias; le second, un fils d'un chevalier de Catalogne, nommé Guillaume de Tous; le troisième, Béranger de Roudor, natif du Llobregat. Entourés par une foule hurlante, ils se défendirent tout le jour. Vers le soir, le basileus, plein d'admiration pour leur bravoure, leur fit grâce de la vie et leur donna un sauf-conduit. Ce furent les seuls Espagnols qui échappèrent au massacre.

« Ainsi, s'écrie Moncada, périt Roger de Flor, à l'âge de trente-sept ans : homme d'une grande valeur et d'une plus grande fortune; heureux avec ses ennemis et malheureux avec ses amis, devant aux uns sa haute réputation, aux autres sa fin déplorable. Il avait l'extérieur austère, le caractère ardent; il était prompt dans l'exécution de ses projets, magnifique, libéral, habile à distribuer des présents qui, en lui gagnant de nombreux amis, contribuèrent surtout à le faire nommer général et chef suprême de notre armée, l'un des postes les plus éminents de cette époque, après l'auguste dignité d'empereur et de roi. »

CHAPITRE IV

Fureur des Catalans à l'ouïe du massacre de leur chef. — Retranchés dans Gallipoli, ils déclarent la guerre au basileus. — Massacre de beaucoup d'entre eux à Constantinople et ailleurs. — Siège de Gallipoli par l'armée du second basileus Michel. — Expédition malheureuse d'Entença. Sa captivité dans les prisons de Gênes. — Les Catalans survivants décident de se défendre jusqu'à la mort. — Ils remportent deux grandes victoires sur les troupes du basileus Michel. — Leur complet triomphe.

Les Paléologues étaient vengés de l'insolent capitaine qui avait traité l'empire en pays conquis et leur avait parlé d'égal à égal. Mais ils allaient expier leur trahison par la plus épouvantable des guerres qui devait noyer leurs provinces d'Europe dans des flots de sang!

A l'ouïe de la catastrophe d'Andrinople, la surprise, la douleur, surtout la fureur des Catalans de Gallipoli ne connurent plus de bornes. Tous, d'une seule âme, sans même songer aux infinis dangers de leur immense isolement, jurèrent de tirer du meurtre de leur chef bien-aimé et de celui de leurs treize cents compagnons une vengeance effroyable. Cependant, même en ces circonstances si imprévues, ces étranges mais loyaux combattants n'eurent garde de négliger les chevaleresques usages d'Occident. Nous allons voir qu'avant de rompre toutes relations avec l'empire, auquel ils avaient juré fidélité, ces soldats qui vivaient de rapine, mais ne voulaient à aucun prix forfaire aux lois de la chevalerie, estimèrent qu'il fallait déclarer la guerre à l'empereur dans lès formes voulues selon la coutume féodale.

Privés de ce chef adoré qui les avait si long-temps conduits à la victoire, maintenant en guerre ouverte avec cet empire byzantin qu'ils étaient venus servir et secourir, la situation de ces hardis aventuriers dans Gallipoli parut de suite des plus critiques. Michel IX n'avait pas perdu de temps. Pour profiter de la panique que la nouvelle de la mort de leur chef allait jeter parmi ces braves, il avait aussitôt, peut-

être même d'avance, dirigé à marches forcées
une partie de l'armée d'Andrinople, tous les
Turkopoules et un fort groupe d'Alains, sur
Gallipoli, comptant bien en finir d'un ' ap
avec eux. La première surprise avait été telle
que le jour même où le césar périt, les cou-
reurs impériaux avaient pu enlever au pâtu-
rage presque tous les chevaux de la Compagnie
épars dans la plaine parmi les fermes environnantes, et massacrer plus de mille Espagnols
isolés qui les gardaient. Les malheureux furent
tous surpris hors de leur garde dans la campagne.

Conçoit-on pareil désastre, suivi aussitôt de
la nouvelle de l'égorgement du césar et de
ses centaines de compagnons ? Et cependant
le courage de ces audacieux fut loin de faiblir.
Pas une seconde ils ne songèrent à capituler,
mais uniquement à se venger, bien qu'ils fussent un contre cent. C'était à peine s'il restait
trois mille trois cents combattants valides à
Gallipoli, tant cavaliers que piétons et matelots,
exactement trois mille trois cent sept hommes,

avec seulement deux cent six chevaux, ainsi qu'il résulta de l'appel qui fut fait aussitôt. D'autres, moins braves, eussent tenté de fuir par mer ou cherché à négocier. Ces soldats intrépides, ces héros d'occident ne songèrent qu'à venger la mort de leur cher césar, et cette poignée d'hommes osa entrer en lutte avec l'empire byzantin tout entier. L'étroite presqu'île de Gallipoli et le faubourg de la ville principale furent fortifiés à la hâte, protégés par de vastes et profonds retranchements et une muraille en terre. Muntaner, qui devait jouer dans cette défense un des rôles principaux, nous a minutieusement décrit cet héroïque séjour des Catalans dans la ville qui était devenue leur quartier général et comme leur seconde patrie, séjour qui ne fut qu'un long combat. Je ne puis le suivre à travers tant de détails curieux. Je dois me borner à relever rapidement les faits principaux. Je ne résiste pourtant pas au plaisir de reproduire une courte digression historique suggérée au naïf chroniqueur par la description des localités environnant Gallipoli.

Il parle surtout de la grande île de Ténédos,
voisine de la côte de Thrace : « Ténédos, dit-il,
est à quelques milles de la bouche d'Avie (1).
Et dans cette île de Ténédos et dans ce temps-
là il y avait une idole, et là venaient à un certain mois de l'année tous les nobles hommes
et toutes les nobles dames de Romanie en pèlerinage. Et ainsi il arriva en ce temps qu'Hélène (2), femme du *duc d'Athènes* (!), y vint en
pèlerinage avec cent chevaliers qui l'accompagnaient. Et Pâris, fils du roi Priam de Troie,
y était venu aussi en pèlerinage et avait avec
lui environ cinquante chevaliers, et là il vit
dame Hélène et fut tellement troublé de cette
vue qu'il dit à ses gens qu'il fallait qu'il eût
dame Hélène et l'emmenât avec lui, et ainsi
qu'il se le mit au cœur, ainsi le fit-il. Et il se
revêtit de ses bonnes armures, lui et toute sa
compagnie, et il s'empara de la dame et voulut l'emmener, mais les chevaliers qui étaient
avec elle voulurent la défendre. Et cela fut

(1) Le détroit d'Abydos, les Dardanelles.
(2) Muntaner l'appelle « Arena ».

cause que depuis s'alluma une si grande guerre qu'à la fin la cité de Troie, qui avait bien cent milles de tour, après avoir été assiégée pendant treize ans, fut enlevée d'assaut, prise et détruite. » Cette libre traduction de l'Iliade, accommodée au goût du moyen âge, nous montre que parmi ces rudes soudards il était quelques esprits fins que préoccupait encore l'amour des choses de l'antiquité, en apparence si complètement éteint. Ce récit fantastique, quoique vrai dans le fond, de la guerre de Troie m'a semblé curieux.

« Bientôt ils nous assiégèrent, continue Muntaner; et il vint sur nous si grand nombre de gens qu'ils étaient bien quatorze mille hommes à cheval, entre Turkopoules, Alains et Grecs, et environ trente mille hommes de pied. (Quarante-quatre mille hommes contre trois mille trois cents, plus de dix contre un!) Si bien que le mégaduc Bérenger d'Entença ordonna que nous fissions des retranchements et que nous entourassions de ces retranchements tout le faubourg de Gallipoli; ainsi fîmes-nous.

« Que vous dirai-je? pendant quinze jours nous fûmes serrés de si près que tous les jours nous avions des engagements avec eux deux fois le jour; et chaque jour était désastreux, car nous perdions du monde en nous battant contre eux. »

Voici maintenant le récit si fier, si original, du défi envoyé à l'empereur. « La vérité, poursuit notre chroniqueur, est que, quand ils eurent tué le césar, quand ils eurent fait leurs courses sur nous et nous eurent tenus assiégés dans Gallipoli, nous fûmes d'accord qu'avant que nous fissions du mal à l'empereur, nous devions le défier publiquement et l'accuser de foi mentie, et cela dans Constantinople même en présence de ceux de la Commune de Venise, et qu'en tout nous devions procéder par chartes publiques. » Ainsi fut fait, un chevalier appelé Sischar, un « adalil », Pierre Lopès, deux chefs d'Almugavares et deux « comites » furent envoyés à Constantinople avec une faible escorte, sur une barque à vingt rames. En présence de la commune vénitienne assemblée, ces six obscurs héros osèrent défier l'empereur au nom du mégaduc Entença et de toute la Compagnie des Francs, « et puis ils l'accusèrent de foi mentie et lui déclarèrent que dix contre dix et cent contre cent ils étaient prêts à prouver que mauvaisement et faussement il avait fait tuer le césar et ses compagnons, qu'il avait fait des courses sur la Compagnie sans défi préalable, qu'ainsi il avait menti à sa foi, et qu'à partir de ce jour ils se détachaient de lui ». « Et de cela, poursuit Muntaner, ils firent des lettres patentes, réparties par A. B. C. (1), qu'ils emportèrent et dont ils laissèrent copie conforme et authentique aux mains desdites gens de ladite commune de Venise. » Inutile témérité! L'empereur se conduisit comme on se conduisait trop souvent à Byzance. Il balbutia des excuses, protestant qu'il n'avait point trempé dans l'assassinat du césar, et donna des saufs-conduits aux envoyés catalans. Le soir même de leur départ, tout ce qu'il y avait encore

(1) Voy. dans Lebeau, *op. cit.*, t. XIX, p. 101, l'explication de ces termes inusités.

d'Espagnols à Constantinople fut massacré par
la plèbe soulevée. Parmi les victimes les plus
notables on compta l'amiral Ferrand d'Aunès,
que l'empereur venait de marier à une jeune
dame byzantine fille de Raoul dit le Gros, personnage très en vue, allié à la famille impériale.
Ferrand d'Aunès, qui avait abjuré la religion
et les mœurs de ses pères pour celles de
Byzance, et qui avait toute la confiance de l'empereur, fut attaqué par les émeutiers furieux
dans la maison même de son beau-père. Celui-
ci refusa de le livrer aux massacreurs. Alors
ceux-ci, malgré les supplications du patriarche
Athanase, accouru pour le défendre au péril
de sa vie, brûlèrent la maison avec le malheureux amiral et toute sa suite. Les Espagnols,
auxquels s'étaient joints trois des envoyés
d'Entença demeurés en arrière, se défendirent
avec rage jusqu'au dernier soupir (1).

(1) Naturellement les chroniqueurs grecs accusent tous ces
malheureux de mille forfaits. Ferrand d'Aunès, trompant la confiance d'Andronic, aurait caché à son bord cinquante Almugavares, etc., etc. Emprisonné avec eux pour ce fait, il fut mis à
mort par le peuple soulevé.

Durant que ces scènes de carnage épouvantaient la capitale, le reste des envoyés de la Compagnie auxquels, sur leur demande, le vieux basileus devait faire donner une escorte pour les ramener à Gallipoli, furent, malgré le caractère sacré de leur mission, arrêtés à leur passage à Rodosto par cette escorte même et honteusement écartelés aux abattoirs avec leurs serviteurs. Ils étaient vingt-six en tout. On les pendit ensuite par quartiers. « Que votre cœur se réconforte, écrit Muntaner en achevant ce lugubre récit; de ceci vous entendrez que la Compagnie tira une si éclatante vengeance avec l'aide de Dieu que jamais si éclatante vengeance il n'y eut. »

Les historiens grecs confirment ce massacre général des Catalans surpris isolément ou par groupes dans la capitale et dans d'autres villes de l'empire. On les passa tous au fil de l'épée, même les femmes et les enfants. On n'en conserva que quelques-uns pour les échanger contre des Grecs prisonniers.

Revenons à la petite troupe de héros

enfermée dans Gallipoli. Toute l'armée impériale d'Andrinople, débarrassée pour un temps par une trêve du péril bulgare, l'assiégeait maintenant sous le haut commandement du grand primicier Cassien. Les massacres successifs de leurs frères à Andrinople, dans la capitale, jusqu'aux portes de Gallipoli, avaient décuplé la haine des routiers espagnols contre la race traîtresse des Grecs. Dans leur folle audace ils ne songeaient à rien moins qu'à l'exterminer de la face du monde. Bérenger d'Entença fut proclamé chef suprême de la Compagnie. Le noble Espagnol se considéra aussitôt comme l'héritier universel des prétendus droits de son prédécesseur sur le royaume d'Anatolie ou d'Asie Mineure, droits basés sur la toute récente convention signée entre le basileus Andronic et le césar. On vit, spectacle inouï, un capitaine d'aventuriers espagnols s'intituler « par la grâce de Dieu mégaduc de Romanie, seigneur d'Anatolie et des îles de l'Empire (1)! »

(1) Déjà le 10 mai 1205 Entença écrivait à la République de Venise une lettre dans laquelle il prenait ces titres pompeux. Il y

J'ai reproduit le récit que fait Muntaner des débuts du siège de Gallipoli. Pachymère vient ici confirmer la véracité de l'écrivain espagnol. Il dit que si les premières opérations furent heureuses pour les Byzantins, tout changea bientôt par suite des incessantes sorties des assiégés qui incommodaient fort les Grecs, par suite aussi de l'extrême négligence avec laquelle ceux-ci se gardaient. Le chroniqueur, entraîné par sa haine bien justifiée pour les étrangers, fait une sanglante description des massacres de la population grecque de la presqu'ile dès le début des hostilités. Par mesure de prudence, les Catalans exterminèrent tous les habitants, hommes, femmes et enfants. Telle était la terrible loi de la guerre à cette époque dans ces luttes orientales sans merci. On ne conserva que quelques prisonniers pour les échanges.

Comme Gallipoli était suffisamment défendue

disait entre autres que la Compagnie était en guerre avec l'empereur parce que celui-ci avait fait massacrer le noble Roger par son fils le second empereur Michel. (*Commemoriali*, tome I, fol. 181.)

pour pouvoir résister quelque temps à l'attaque de cette grande armée impériale, le nouveau chef de la Compagnie, malgré l'avis du suprême conseil qui estimait préférable de ne point se séparer, mais de combattre tous ensemble, résolut de tenter du côté de Constantinople une diversion hardie à la tête de la moitié environ de ce qui restait de l'armée, montée sur cinq galères et deux « lins » (1). Il voulait surtout réapprovisionner sa troupe de vivres et d'argent. « Avec lui s'embarquèrent tant de gens, dit Muntaner, qu'il ne resta à Gallipoli que Bérenger de Rocafort, qui était sénéchal de l'ost, et moi, Ramon Muntaner, qui étais commandant de Gallipoli; et il ne demeura avec nous que cinq chevaliers de marque, à savoir : G. Sischar, chevalier de Catalogne, Ferrand Gorri, chevalier d'Aragon, Jean Pérés de Caldès de Catalogne et Ximénès d'Albero, et quand Bérenger d'Entença fut parti de Gallipoli,

(1) Pachymère dit « sept grands navires et neuf petits ». Il ajoute qu'Entença profita d'une trêve accordée par le basileus sur ses instances pour mener à bonne fin les préparatifs de son expédition.

nous reconnûmes notre nombre et nous trouvâmes que nous étions, entre gens de cheval
et gens de pied, mille quatre cent soixante-
deux hommes d'armes, parmi lesquels deux
cent six hommes de cheval qui n'avaient pas
de chevaux et mille deux cent cinquante-six
hommes de pied. Et nous restâmes en tel
souci, que tous les jours, du matin jusqu'au
soir, nous avions à soutenir l'attaque de ceux
qui nous entouraient. »

Durant toutes ces dissensions on apprit à
Gallipoli que l'infant don Sanche d'Aragon,
frère bâtard du roi Fadrique de Sicile, était,
lui aussi, arrivé avec dix galères à Métclin,
attiré comme tous les autres princes de sa
famille par la renommée des fructueux exploits
de la Compagnie. On lui envoya aussitôt des
messagers pour lui exposer la triste situation
de celle-ci et le supplier d'arriver à son secours.
Il se rendit en hâte à cette invitation et fut reçu
à Gallipoli avec enthousiasme. Comme Entença
faisait ses préparatifs de départ, don Sanche
lui offrit de l'accompagner avec ses dix galères.

Entença accepta avec joie, mais quelle ne fut pas sa surprise de voir ce prince, au moment de mettre à la voile, changer de résolution! Jamais on ne sut le motif de ce brusque revirement. Aux reproches d'Entença, l'Infant se contenta de répondre qu'il ne pouvait agir autrement sans manquer à ce que le service de son frère exigeait de lui. On se sépara dans les plus mauvais termes (1).

Bérenger d'Entença, à la tête de sa flotte improvisée, s'élançant hardiment dans la mer de Marmara, fit le corsaire, cherchant partout du butin, surtout de l'argent, massacrant, brûlant, empalant jeunes et vieux, interceptant la marche de tous les bâtiments qui remontaient vers la capitale ou en descendaient. Ce fut une calamité sans nom pour Byzance. A quel degré de faiblesse ne devait pas être tombé cet empire jadis si glorieux pour que de pareils faits pussent se produire à quelques heures de navigation seulement de Constantinople, la Ville gardée

(1) Voy. MONCADA, *op. cit.*, p. 191.

de Dieu, pour que cette mer de Marmara, véritable lac byzantin, pût être impunément parcourue de la sorte! Entença s'attaqua successivement aux petites villes de la côte. Il assaillit d'abord Artaki, le port de l'ancienne Cyzique, qui avait été, on se le rappelle, la première station des Catalans en Orient, puis la grande île de Proconèse, l'île de Marmara actuelle, « où se taille tout le marbre employé en Romanie ». Les Catalans subirent en ces deux points un échec, grâce à la courageuse résistance des habitants. Ils prirent ensuite d'assaut Héraclée (1), l'antique Périnthe, à vingt et

(1) « En ce golfe d'Héraclée, dit Muntaner, où il y a les deux bonnes cités de Planido (Panidon) et de Rodosto (Rhædestos), est tel miracle que, de tout temps, vous y trouverez des traînées de sang qui sont aussi grandes que des couvertures; et il y en a de plus grandes et de plus petites; et ce golfe est de tout temps plein de telles traînées de sang vif; et ensuite, quand vous êtes hors de ce golfe, vous n'en trouverez pas trace. Et les mariniers recueillent de ce sang qu'ils portent d'un bout du monde à l'autre comme reliques; et cela provient du sang des innocents qui y fut répandu. Et cela est ainsi en ce lieu depuis ce temps et y sera toujours de même. Et ceci est la vérité, car j'en ai recueilli moi-même de mes propres mains. » Les taches sanglantes qui tant intriguaient le naïf chroniqueur ne sont que des agglomérations d'infusoires.

quelques milles seulement de Constantinople, et la pillèrent affreusement. On y fit un butin tel « que ce fut sans fin ». C'était le 28 mai 1305. La population tout entière, tout ce qui était au dessus de l'âge de puberté, fut égorgée avec d'horribles raffinements. De très rares survivants demeurèrent effroyablement mutilés. La ville fut brûlée. Les quelques habitants qui réussirent à échapper à ces démons déchaînés se sauvèrent éperdus jusque dans la capitale, où ils semèrent la terreur. Pachymère fait un tableau dramatique de l'entrée de ce flot de fuyards dans Constantinople.

Le pauvre basileus Andronic croyait fermement les Catalans en chemin pour s'en retourner dans leur pays, lorsqu'il apprit avec douleur qu'ils venaient de détruire ainsi tant de ses cités et qu'ils désolaient les rivages de Thrace. Il dépêcha aussitôt à leur poursuite son fils le despote Jean à la tête d'un fort corps d'infanterie et de quatre cents cavaliers. La rencontre eut lieu à « Port Impérial », où Entença venait de débarquer. Malgré l'énorme disproportion des forces, les Grecs furent cette fois taillés en pièces. Le despote, échappé à grand'peine, courut jusqu'à Constantinople, où son père, croyant déjà voir poindre les voiles catalanes, fit mettre les habitants sous les armes. Toute l'armée régulière d'Europe était occupée au siège de Gallipoli. Les galères d'Entença parurent presque en vue de la capitale.

« Quant Bérenger d'Entença, poursuit Muntaner, eut ravagé la cité d'Héraclée, ce qui fut un des plus beaux faits du monde, il voulut s'en retourner à Gallipoli, emmenant un grand butin. » Sur sa route le vaillant capitaine eut le malheur de rencontrer dans les eaux de la plage qui est entre Panidon et le cap de Ganos (1) une flotte de dix-huit galères génoises escortant un convoi de vaisseaux marchands qui s'en allaient dans la mer Noire, la « mer Majeure », ainsi que l'appelle Muntaner. Le mégaduc, qui d'abord avait pris à grande joie cette flotte pour une escadre sicilienne de secours, s'apercevant

(1) Pachymère dit que ce fut à Rhegion (près du Buyuk-Tchek-medjé actuel), donc à la porte même de Constantinople.

de son erreur, fit arrêter aussitôt, arma ses gens,
« fit tourner les proues vers la terre et se tint
les poupes en dehors ». L'enragé pillard espéra
même un moment, paraît-il, prendre ces Italiens
à sa solde pour aller en leur compagnie brûler
les palais et les entrepôts de la Corne d'or. Les
Génois, en effet, s'étaient montrés récemment
dans diverses circonstances moins hostiles aux
Catalans. Mais Entença comptait sans la vieille
rancune de ces rusés marchands, qui ne pouvaient pardonner aux Espagnols leur présence
en ces parages si longtemps parcourus par eux
seuls, qui surtout avaient conservé le poignant
souvenir de la terrible tuerie de Galata dans
l'automne de l'an 1302.

Le capitaine génois Eduardo Doria, après
avoir donné à Entença une réponse dilatoire, lui
dépêcha une barque avec un sauf-conduit pour
l'inviter à venir manger à son bord. Entença,
« bien malheureusement pour ses affaires »,
accepta l'entrevue. Tandis que les chefs espagnols, magnifiquement accueillis, festoyaient
désarmés ou dormaient à bord du navire génois,

on les garrotta par surprise. Les équipages sans
défiance de quatre de leurs galères furent de
même faits prisonniers par la soudaine attaque
des dix-huit navires italiens. Les Génois massa-
crèrent plus de deux cents de ces malheureux.
La cinquième galère catalane, commandée par
Bérenger de Villa Marina et quelques autres
chevaliers espagnols, refusa de se rendre. Un
combat furieux s'engagea sur cette triste et
plate rive de Thrace, si furieux que plus de trois
cents Génois périrent. Il n'échappa pas un seul
homme de la galère catalane. Tous furent tués
en se défendant avec rage. « Et voyez, s'écrie
Muntaner, quel beau festin surent faire les
Génois à Bérenger d'Entença (1). Et ils eurent

(1) Pachymère raconte tous ces événements avec des détails
aussi fastidieux que minutieux. Son récit diffère même assez
grandement dans les détails. Selon lui, les Catalans qui avaient
brûlé le port de Rhegion virent arriver, poussée doucement par le
vent du midi, la flotte génoise, qu'ils prirent d'abord pour une
flotte sicilienne qui venait les renforcer. Quand ils eurent reconnu
leur erreur, ils cherchèrent à se concilier les Génois en leur faisant
croire que l'empereur les avait pris en haine. Une galère dépêchée
par eux de nuit en secret leur apprit la perfidie des Catalans.
L'empereur, au contraire, envoyait au secours des Génois une
flotte montée par dix mille soldats ; mais avant l'arrivée de ceux-

tout ce que Bérenger d'Entença avait gagné à la bataille d'Héraclée. Cela prouve que bien fou est tout seigneur ou tout autre homme qui se fie à homme des communes, car qui ne sait ce qu'est la foi ne peut la respecter. » L'infortuné mégaduc, malchanceux entre tous, après avoir vu couler ou brûler toutes ses galères, le désespoir et la fureur dans l'âme, fut emmené prisonnier à Péra avec ses principaux compagnons. Ils devaient y subir un dur emprisonnement de plus d'un mois.

Comme le combat avait eu lieu à très petite distance de la capitale, les habitants de celle-ci, au dire de Pachymère, virent dès ce même jour. qui était le dernier du mois de mai de l'an 1305, arriver en plein midi la flotte victorieuse, défilant tout le long de la ville avec une pompe et une magnificence inouïes, « bien

ci l'amiral génois engagea le combat pour prévenir les tentatives de corruption exercées par les Catalans sur ses capitaines. Dans tout ce long récit du chroniqueur grec éclate à chaque ligne la perfidie intéressée des Génois envers les Catalans, dont ils avaient si longtemps vu avec envie l'influence grandissante à Constantinople. Pachymère se montre sévère pour Entença, qu'il accuse formellement de lâcheté.

convenables à la grandeur de la victoire qu'elle venait de remporter ». Tous ses pavillons flottaient au vent. Au contraire, les vaisseaux des vaincus suivaient en désordre, en mauvais équipage, sans pavillons ni enseignes déployés. Lorsque les navires génois eurent doublé la pointe actuelle du Vieux Sérail, au lieu de filer sur Galata, ils piquèrent droit sur Saint-Phocas et s'y arrêtèrent. Dès le lendemain, gardant étroitement leurs prisonniers, les Italiens allèrent trouver le basileus. Andronic leur fit grand accueil, ordonnant de distribuer des vêtements d'apparat aux chefs, des vivres aux simples soldats. Le vieux basileus eût bien voulu se faire livrer par eux Entença pour se repaître de son supplice. Il alla jusqu'à offrir de lui aux Génois la somme énorme de 25,000 hyperpres ou besants d'or; mais eux, toujours pratiques, ne voulurent rien abandonner ni des prisonniers ni de leur prodigieux butin, à moins qu'on ne leur en payât le plein prix. Alors Andronic chercha à gagner quelques patrons des galères. Seize mille

besants et seize habillements de brocart devaient être le prix de cette trahison ; mais cette
intrigue échoua comme la précédente. L'ava-
rice des Génois sauva ainsi la vie d'Entença.
Le basileus proposa ensuite aux Italiens d'aller
aider au siège de Gallipoli. Ils ne refusèrent
pas en principe de servir Andronic, mais on ne
put arriver ici non plus à aucune entente. Enfin,
l'influence de ceux parmi les Génois qui étaient
moins défavorables aux Catalans eut le dessus,
et la flotte italienne reprit la route de la mer
Noire. Elle emmena jusqu'à Trébizonde le
malheureux Entença, dont on espérait une
énorme rançon. Au retour, après deux mois
encore de prison, il fut conduit à Gênes, toujours étroitement gardé. « Ils passèrent, raconte Muntaner, avec leur prisonnier devant
Gallipoli, et moi, le voyant, je voulus donner
dix mille hyperpres d'or, qui valent chacun dix
sous barcelonais, pour qu'ils nous le laissas-
sent, et ils ne voulurent pas le faire. Et quand
nous vîmes que nous ne pouvions pour rien
l'avoir, nous lui donnâmes pour subvenir à ses

propres dépenses mille hyperpres d'or; et ainsi ils l'emmenèrent à Gênes. » Muntaner promit encore à Entença qu'on enverrait, au nom de l'armée, des ambassadeurs aux rois d'Aragon et de Sicile, pour les engager à demander satisfaction de l'insulte que les Génois leur avaient faite en arrêtant ainsi leur sujet contre la foi des traités.

Presque toute la marine de la Compagnie avait été anéantie dans ce désastre. La mesure de tous les maux semblait comble pour les survivants enfermés à Gallipoli, où les bloquait toujours l'armée d'Andrinople. Mais pas un de ces vaillants ne songea à capituler. « Toutes ces mauvaises nouvelles, écrit Muntaner, nous troublèrent fort. Le conseil fut réuni. Les voix se partagèrent. On disait que les Turks allaient nous amener des renforts. On disait aussi que don Sanche allait reparaître à la tête de sa flotte. » Quelques voix plus timides émirent l'avis qu'il fallait abandonner Gallipoli, s'embarquer sur le restant de la flottille qui se composait encore de quatre galères, d'environ douze « lins », de beaucoup de barques et d'une nef à deux ponts, et aller occuper la riche et grande île de Métclin, l'antique Lesbos de lascive mémoire, où l'on se défendrait plus facilement contre les attaques des impériaux. On y attendrait les nouveaux secours promis, qui ne pouvaient manquer d'arriver d'Occident. Mais ces conseillers trop prudents se virent bafoués par la majorité, dont l'attitude fut véritablement héroïque. Un suprême conseil assemblé décida qu'on défendrait Gallipoli à outrance, dût-on le faire contre l'empire grec en entier; qu'il y allait de l'honneur de la Compagnie et de toute la nation aragonaise; qu'avant tout il importait de venger ces deux hauts seigneurs, le césar Roger et le mégaduc Bérenger d'Entença, et tant de braves compagnons indignement massacrés ou chargés de chaînes. Il y eut dans tout ce débat comme un souffle de grandeur antique. « Grande honte serait à nous si nous ne vengions pas tant de braves gens qu'on nous avait tués par si grande trahison, et si nous ne mourions pas avec eux;

et il n'y avait personne qui ne dût nous en lapider, surtout étant gens de si haute réputation comme nous étions, et la justice étant de notre côté, et mieux valait mourir avec honneur que de vivre avec déshonneur. »

On décréta la peine capitale contre quiconque parlerait de se rendre. Pour enlever aux timides toute velléité de fuir, on courut au port où se balançaient les dernières galères de l'armée, et on les défonça pour les mettre hors d'état de servir. Puis la Compagnie, par un acte solennel, se constitua en nation combattante avec Bérenger de Rocafort pour chef suprême. On lui adjoignit un conseil de douze « adalils », chefs ou conducteurs des douze divisions de l'armée. Le grand sceau de la Compagnie porta, en guise de défi menaçant à l'adresse de l'empereur, cette fière devise : « Sceau de l'ost des Francs qui règnent sur le royaume de Macédoine. » Au centre figurait l'effigie du bienheureux saint Georges, le saint guerrier, belliqueux patron des Almugavares comme des soldats byzantins. Qui sait si ce sceau étrange entre tous n'existe point encore enfoui chez quelque marchand de bric-à-brac au fond de quelque obscure boutique des bazars de Stamboul ou de Salonique? Des quatre grandes bannières de l'armée, l'une, fabriquée sur l'ordre de Muntaner, avec la figure de Saint-Pierre de Rome, flotta sur la plus haute tour de la forteresse de Gallipoli. Les trois autres, également fabriquées en un jour par les soins de notre soldat écrivain, une en l'honneur de saint Georges, une aux armes de Sicile et une à celles d'Aragon, suivirent les bandes dans les combats et les expéditions de pillage. Les aventuriers affectaient, en effet, avec un soin jaloux, de se dire toujours encore au service du roi Fadrique, qu'ils considéraient comme leur chef. Enfin la Compagnie, peu difficile sur le compte de ses auxiliaires, prit pour la première fois à sa solde cinq cents cavaliers turks. C'étaient là, je l'ai dit, de ces *condottieri* du Croissant si connus dans les guerres médiévales du Levant sous le nom de Turkopoles, Turkoples ou Turkopoules, qui, en tous points semblables aux reîtres et lansquenets d'Occident, engageaient au plus offrant, leur vénale, mais intrépide bannière, et combattaient le plus souvent sous les étendards latins contre leurs propres coreligionnaires. La Compagnie finit par en avoir des milliers à sa suite.

On écrivit au roi Fadrique de Sicile pour lui représenter le malheureux sort de la Compagnie, jetée seule et sans secours sur ce coin de terre où le monde semblait l'avoir abandonnée. Au préalable on avait à nouveau juré fidélité à ce prince entre les mains d'un chevalier de sa maison, Garcilopes de Lobera, arrivé à la suite de Rocafort. On envoya cet homme à don Fadrique en lui adjoignant deux autres chevaliers chargés de lui exposer humblement la situation et de réclamer instamment sa prompte intervention.

De son côté, le basileus Andronic tenta une fois de plus de remettre aux puissants Génois le soin de se débarrasser des Catalans. Il leur alloua à cet effet une subvention de la valeur de six mille pièces d'or en lingots; mais les négociations furent rompues parce qu'on ne parvint pas à s'accorder sur le poids réel de cette masse d'or.

Cependant le siège de Gallipoli faisait rage, et cette petite troupe de héros noyée au milieu de cette immense armée byzantine se couvrait de gloire. « Quand vint le vendredi à l'heure de vêpres, dit Muntaner, vingt-trois jours avant la Saint-Pierre de juin, nous nous réunîmes tous bien armés à la porte de fer du château ; et à la maîtresse tour, je fis placer dix hommes. Et un marinier qui avait nom Bérenger de Ventayola, qui était du Llobregat, entonna le cantique du bienheureux saint Pierre, et tous nous lui répondîmes les larmes aux yeux. Et quand il eut fini le cantique et que la bannière de saint Pierre fut élevée, nous commençâmes tous à chanter le *Salve Regina*. Et il faisait beau temps et clair, de sorte qu'il n'y avait pas un seul nuage au ciel. Et quand la bannière fut élevée, un nuage passa sur nous et nous couvrit tous d'eau au moment où nous étions agenouillés ;

et quand cela fut fait, le ciel redevint aussi clair qu'il était auparavant. Nous en eûmes tous une grande joie, et nous ordonnâmes qu'à la nuit chacun se confessât, et que le matin suivant, à l'aube du jour, chacun communiât, et qu'au lever du soleil, quand l'ennemi se présenterait pour nous attaquer, chacun fût prêt à férir, et ainsi fîmes-nous. Et nous confiâmes la bannière du seigneur roi d'Aragon à Guillaume Pérès de Caldès, chevalier de Catalogne, et la bannière du roi de Sicile à Fernand Gori, également chevalier, et la bannière de saint Georges à Ximénès de Albero, et Rocafort remit sa propre bannière à un fils de chevalier nommé Guillaume de Tous. »

Les chefs disposèrent les hommes à cheval sur la gauche, les piétons sur la droite, sans former ni front, ni centre, ni réserve. « L'armée ennemie campait à deux milles, sur une colline de terre labourée. Le samedi matin, au soleil levant, ils vinrent au nombre de huit mille cavaliers, dont deux mille demeurèrent à la garde du camp. » A un signal donné, trompettes

et nacaires sonnant, la petite troupe espagnole
se précipita sur l'ennemi « qui tenait lances
sur cuisses, prêt à frapper. Nous attaquâmes
tous en masse et donnâmes si vigoureusement
au milieu d'eux qu'il semblait que notre fort
lui-même s'écroulât tout entier. Ils nous heur-
tèrent aussi très vigoureusement. Que vous
dirai-je? Pour notre péché et leur bon droit ils
furent vaincus; et à peine leur avant-garde fut-
elle battue que tous tournèrent le dos à la fois. »
La poursuite fut si terrible « que nul ne levait
les mains sans entamer chair d'homme ». « Au
pied de la colline on rencontra la réserve ennemie qui accourait à la rescousse des fuyards,
si bien qu'à ce moment nous crûmes qu'il y
avait trop à faire pour nous. Mais une voix
s'éleva parmi nous, et tous ensemble, quand
nous fûmes au pied de la colline, nous criâmes
à la fois : En avant! en avant! Aragon! Aragon! Saint Georges! saint Georges! Ainsi
nous reprîmes vigueur et allâmes férir rudement sur eux; et ils cédèrent, et alors nous
n'eûmes plus qu'à frapper. »

La poursuite dura jusqu'à la nuit, jusqu'à Monokastanon, sur un parcours de vingt-quatre milles. Il était minuit avant que les Catalans fussent de retour à Gallipoli.

Pachymère nous donne quelques curieux détails de plus sur ce combat, qu'il avoue avoir été une grande défaite des Grecs. Michel IX était resté cette fois au camp de Pamphilia. Les troupes grecques qui combattirent étaient campées à Branchiale, sous les ordres du grand hétériarque Nostongos Dukas, du grand tchaouch Humbertopoulos et du chef bulgare Boésilas, commandant les Alains.

Les Catalans, pour se débarrasser des quelques rares habitants de Gallipoli qui n'avaient pas encore péri, avaient pris le parti de les enfermer sur des barques dans le port. Pour attirer les Grecs dans des embuscades, ces rusés combattants faisaient avancer dans la plaine de grands troupeaux en apparence sans conducteurs, dissimulant tout auprès des groupes d'Almugavares qui se jetaient par surprise sur les maraudeurs impériaux. « Chaque cavalier cataphractaire (1) espagnol était dans cette circonstance armé de la lance qu'on appelait jadis « ancone » et courait au combat encadré par deux hommes de pied portant l'arc italien, le javelot et le bouclier. » Plusieurs chefs impériaux furent blessés dans la déroute. Le chroniqueur byzantin nous fait cet aveu naïf, mais significatif, que « les forces de l'État n'étaient pas tout à fait abattues, quoiqu'elles fussent fort languissantes. L'autorité de commander, qui est comme l'âme de la lutte, avait encore toute sa vigueur, mais les troupes, qui sont comme les membres, se ressentai ' de la faiblesse de l'enfance et n'avaient que des mouvements imparfaits qui faisaient pitié. »

Ici Muntaner semble s'être trop souvenu qu'il était né au voisinage de la lointaine Gascogne. Pour la première fois peut-être il déserte les chemins de la vérité. « Nous vîmes que nous n'avions perdu qu'un homme de cheval et deux de pied ; et nous allâmes prendre

(1) *Cataphractaire :* cavalier protégé, ainsi que son cheval, par une armure de mailles.

possession du champ de bataille, et nous trouvâmes qu'ils avaient bien certainement perdu plus de six mille hommes de cheval et plus de vingt mille de pied. Et ce fut la colère de Dieu qui tomba sur eux; car nous ne pouvions nullement supposer qu'il y eût autant d'hommes morts, et nous crûmes qu'ils avaient dû s'étouffer les uns les autres. Il périt également beaucoup de leur monde sur les barques, car il existait un grand nombre de ces barques tirées à terre sur la côte; et toutes étaient démantelées : et eux les mâtaient, et puis ils s'y plaçaient en si grande quantité que, lorsqu'ils étaient en mer, elles chaviraient avec eux tous et ils se noyaient. » Malgré ces explications, l'exagération semble ici hors de toutes proportions. Pachymère se rapproche plus de la vérité en donnant le chiffre de deux cents morts impériaux.

« Que vous dirai-je? » poursuit le chroniqueur espagnol, — et vraiment je ne puis mieux faire que de reproduire encore quelques passages de cette narration si vivante, — « que vous dirai-je? Le butin que nous fîmes en cette bataille fut si grand que nul ne pourrait en faire le compte. Nous passâmes bien huit jours à piller leur camp. Nous n'étions occupés qu'à enlever l'or et l'argent que ces gens portaient sur eux; car toutes les ceintures des gens de cheval, les épées, les selles et les freins et toutes leurs armes sont garnis d'or et d'argent; et chacun d'eux portait de la monnaie d'or et d'argent, et les gens de pied aussi. Et ainsi ce que l'on gagna fut sans fin et sans nombre. Nous y trouvâmes aussi environ trois mille chevaux vivants; les autres étaient morts ou erraient par les champs, traînant leurs entrailles. Ainsi nous eûmes tant de chevaux qu'il y en eut bien trois pour chacun.

« Lorsque le camp fut dépouillé, je pris à merci quatre Grecs que je trouvai dans une maison; c'étaient de pauvres gens qui étaient de Gallipoli; et je leur dis que je leur ferais beaucoup de bien s'ils voulaient me servir d'espions. Ils acceptèrent avec grande joie. Je les vêtis fort bien à la grecque et je leur donnai à chacun un des chevaux que nous avions auparavant; et ils jurèrent qu'ils me serviraient activement et loyalement. Aussitôt j'envoyai deux d'entre eux à Andrinople, pour voir ce que faisait le fils de l'empereur, et deux autres à Constantinople. Peu de jours après, ceux qui étaient allés vers le fils de l'empereur s'en revinrent, et me dirent que le fils de l'empereur marchait contre nous avec dix-sept mille hommes à cheval et bien cent mille hommes à pied, et qu'il était déjà parti d'Andrinople. »

Cette fois donc le second basileus, honteux de l'échec de ses lieutenants qui étaient ac-courus à Andrinople lui dire leur désastre, s'avançait en personne à la tête de forces imposantes, dernier espoir de l'empire (1) contre

(1) Cette première défaite de Gallipoli avait mis la mort dans l'âme d'Andronic, qui regrettait maintenant amèrement de s'être montré si rapace envers les Génois. Le vieux souverain résolut de faire un dernier et puissant effort pour écraser les Catalans. Il expédia à son fils tout ce qui lui restait de troupes disponibles. Il alla, pour calmer quelque peu l'opinion exaspérée, jusqu'à faire solennellement en public, le 1ᵉʳ juin, devant les premiers personnages de l'État, l'apologie de sa conduite vis-à-vis des Catalans. Il énuméra les raisons multiples qui l'avaient amené à les appeler en Orient. Il supplia douloureusement ses sujets d'éloigner de dessus eux la

ce petit groupe de héros. Il espérait bien les détruire avant l'arrivée des secours annoncés de Sicile. Ici encore je laisse la parole à Muntaner. On nuirait à ce beau récit en cherchant à le résumer. « Sur la nouvelle de la venue de l'empereur et de sa grande armée, nous nous réunîmes tous en conseil; le résultat fut tel que nous dîmes que Dieu et les bienheureux seigneurs saint Pierre, saint Paul et saint Georges, qui déjà nous avaient fait obtenir la victoire, nous feraient triompher encore de ces pervers, qui par une si grande trahison avaient tué le césar; qu'ainsi nous ne devions d'aucune manière nous arrêter plus longtemps à Gallipoli; que Gallipoli était une place très forte; que nous avions tant gagné que cela pourrait nous amollir le cœur, et que pour rien au monde nous ne devions nous laisser assiéger; que, de plus, le fils de l'empereur ne pouvait marcher avec toute son armée réunie; mais qu'il fallait qu'il formât une avant-garde, et que nous autres,

colère divine en se réformant et en corrigeant leurs mœurs abominables.

qui nous rencontrerions avec cette avant-garde, nous devions « chevaleureusement » férir sus ; et que si nous détruisions l'avant-garde, ils seraient tous battus ; que nous ne pouvions ni monter au ciel, ni descendre dans les abîmes, ni nous en aller par mer, et qu'il nous fallait donc bien passer à travers leurs mains, et qu'ainsi il était bon que notre cœur ne fléchît, ni pour rien que nous eussions gagné, ni pour aucune force que nous rencontrassions devant nous. Ainsi donc nous décidâmes de marcher sur eux, et à cette résolution nous nous accordâmes tous. Nous laissâmes le château avec cent hommes et les femmes, et nous partîmes.

« Quand nous eûmes fait trois journées, nous dormîmes, ainsi qu'il plut à Dieu, au pied d'une colline, et les ennemis passèrent la nuit de l'autre côté ; et nous n'en savions rien ni les uns ni les autres, jusqu'à ce qu'il fût minuit et que nous vîmes une grande clarté occasionnée par les feux qu'ils faisaient. Nous envoyâmes à la découverte, et on rencontra deux Grecs qu'on nous amena ; et nous sûmes d'eux qu'en ce lieu était campé le fils de l'empereur avec six mille hommes de cheval, et que, de grand matin, ils se mettraient en route pour venir sur Gallipoli; et qu'à cause de l'eau qui là ne pouvait suffire à tous, l'autre partie de leur ost était à environ une lieue loin de lui, et qu'elle s'approchait. Et le fils de l'empereur était logé en un château qui était en cette plaine et nommé Apros. C'était un bon et fort château avec une grande ville; et nous fûmes très satisfaits quand nous sûmes qu'il y avait là château et ville; car nous faisions compte que la lâcheté de ces gens était si grande que leur premier soin serait de courir se réfugier comme ils pourraient au château ou à la ville d'Apros.

« Quand vint l'aube du jour, nous nous confessâmes et nous communiâmes tous; et tous, bien armés et en bataille rangée, nous nous mîmes à monter la colline, qui était toute de terre labourée. Quand nous fûmes parvenus en haut, et que le jour parut, ceux de l'ost ennemi nous virent, et ils s'imaginèrent que nous venions nous rendre à merci au fils de l'empereur. Mais le fils de l'empereur ne prit pas cela pour un jeu, et se revêtit bel et bien de ses armes ; car il était bon chevalier, et rien ne lui manquait, si ce n'est la loyauté. Ainsi, bien armé et équipé de son corps, il vint sur nous avec toute sa troupe, et nous marchâmes sur lui.

« Quand nous en fûmes à férir, une grande partie de nos Almugavares descendirent de cheval, se sentant plus de confiance en eux-mêmes à pied qu'à cheval ; et nous nous mîmes à férir vigoureusement sur eux, et eux, à férir fièrement sur nous. Que vous dirai-je ? il plut à Dieu que leur avant-garde pliât, comme à la précédente bataille. Le fils de l'empereur, avec environ cent cavaliers, se démenait au milieu de nous, si bien que, se faisant jour, il dirigea ses coups sur un marin qui avait nom Bérenger, lequel était sur un bon cheval qu'il avait gagné à la précédente bataille, et qui portait aussi une très belle cuirasse qu'il avait également gagnée ; mais il n'avait pas d'écu, parce qu'il ne savait pas bien s'en servir à cheval. Et le fils de l'empereur pensa que c'était un homme de grande affaire, et lui donna un tel coup de son épée au bras gauche qu'il le blessa à la main. Celui-ci, qui se vit blessé, et qui avait été huissier d'honneur (1) et était très vigoureux, le serra dans ses bras; et d'un épieu ferré qu'il tenait, il lui en donna bien treize coups; un de ces coups le blessa au visage et le défigura. Le fils de l'empereur perdit alors son écu et tomba de cheval, mais les siens l'enlevèrent de la mêlée qui était épaisse; et nous, nous ne savions pas qui il était, et ses gens l'emportèrent au château d'Apros.

« Le combat se continua avec un acharnement terrible jusqu'à la nuit; et Dieu, auteur de tout bien, nous dirigea si bien que le voisinage du château d'Apros fit que tous furent déconfits; car chacun prenait la fuite de ce côté, et s'y réfugiait qui pouvait. Cependant il ne s'en échappa pas tellement qu'il ne périt ce jour-là plus de deux mille hommes de cheval, et des gens de pied sans fin. Quant aux nôtres, nous

(1) *Maçip*, concierge, portier ou huissier des châteaux royaux. Il portait une masse aux armes royales.

ne perdîmes pas plus de neuf hommes de cheval et vingt-sept hommes de pied. La nuit, nous restâmes sur le champ de bataille tout armés, et le lendemain, quand nous pensions qu'ils nous livreraient encore bataille, nous n'en trouvâmes pas un seul au champ. Nous nous dirigeâmes à l'instant sur le château, nous l'attaquâmes et y restâmes bien huit jours ; ensuite nous levâmes le camp et nous emmenâmes notre butin sur dix chariots, et chacun d'eux était tiré par quatre buffles. Nous emmenâmes aussi une si grande quantité de bestiaux qu'ils couvraient toute la contrée, et nous fîmes un butin immense, et bien plus considérable encore qu'à la précédente bataille.

« Dès lors, toute la Romanié fut soumise : et nous leur avions mis tellement la peur au corps qu'on ne pouvait pas crier : *Les Francs!* qu'ils ne prissent aussitôt la fuite. Et ainsi nous retournâmes pleins de joie à Gallipoli ; et puis tous les jours nous faisions des chevauchées jusqu'aux portes de Constantinople. »

Le Byzantin Pachymère nous a laissé un récit

quelque peu différent, mais aussi fort curieux, de cette seconde bataille dite d'Apros. De ce récit il ressort que Michel IX fut vraiment un guerrier sans peur. Il avait rangé, dit l'historien grec, son armée proche d'un lieu nommé Himéri, tout près d'Apros. Il plaça les Alains et les Turkopoules à l'avant-garde, sous la conduite de Boésilas. Plus en arrière il disposa les troupes de pied qui formaient les contingents de Macédoine, autrement dit d'Europe, commandés par le grand primicier Cassien, et ensuite les troupes orientales ou des thèmes d'Asie, sous Théodore son oncle. Enfin l'arrière-garde se composa des Vlaques et des volontaiıes sous le commandement du grand hétériarque Dukas. Il avait à ses côtés son frère le despote Constantin et Sennachérim l'Ange, grand échanson impérial. Ce dernier n'avait accepté la conduite d'aucun corps, pour mieux pouvoir veiller à la défénse personnelle de l'empereur... « Les Alains et les Turkopoules commencèrent le combat en fondant sur les Catalans, qui demeurèrent aussi fermes que des

tours. Puis les Alains se détournèrent comme
s'ils eussent voulu lâcher pied par désespoir de
ne pas remporter la victoire... Ils se retirèrent
lâchement, et leur retraite abattit le courage des
autres. Le jeune basileus, qui, de l'arrière-garde
où il était, voyait la retraite des Alains, voulut
se précipiter en avant. Comme il se mettait à
cheval, sa monture échappa des mains de
l'écuyer et s'enfuit vers l'ennemi. Alors le basileus, enfourchant un autre cheval, perça de sa
lance le premier adversaire qui parut devant lui.
Il en tua un second de son épée. Deux autres,
cachés sous leurs boucliers, s'étant avancés
sur lui, il courut le plus affreux danger, dont il
fut délivré par la bravoure du grand échanson
et d'un jeune homme qui avait été élevé à sa
cour. Comme ses riches vêtements le signa-
laient, plusieurs lui portaient des coups dont il
lui demeura des marques. Bien que ses gens
battissent en retraite, il demeurait ferme au
milieu du péril, sans vouloir écouter ceux qui le
pressaient de fuir. Il pleura, s'arracha les cheveux et voulut retourner à la charge, ce qui

eût été folie. Dieu voulut bien permettre que nos ennemis fussent saisis d'une terreur panique qui leur fit croire que nos gens s'étaient placés en embuscade pour fondre sur eux, ce qui les empêcha de les poursuivre. Chacun se sauva comme il put. Le basileus gagna Pamphilia à grand'peine. Aussitôt notre défaite connue, la campagne se vida, bien que ce fût la saison de la moisson. On voyait courir en foule les paysans comme des fourmis vers Constantinople et y porter leurs meubles sur des chariots, sans se soucier des grains encore à terre ou de ceux déjà serrés dans la grange. » Ils y portaient en même temps une terreur panique.

On le voit, les deux récits s'accordent (1) pour célébrer à la fois le courage du basileus et le fol héroïsme des Almugavares. Pachymère, malgré la haine qu'il porte à ceux-ci, raconte un trait de bravoure de quelques-uns d'entre eux

(1) Le récit très vivant de Nicéphore Grégoras confirme pleinement ceux de Pachymère et de Muntaner. Cet auteur attribue uniquement la déroute des impériaux à la défection des Alains, suivie de celle des Turkopoules. Le récit qu'il donne des exploits du basileus diffère par certains détails.

qui eût mérité de trouver place dans la chronique de Muntaner : « Soixante Catalans, ra-
conte-t-il, qui étaient demeurés prisonniers à
Andrinople depuis l'assassinat du césar Roger,
ayant entendu le bruit de la défaite du jeune
empereur, bruit qui était répandu partout, rompirent leurs chaînes, montèrent au haut de la
tour du donjon et en jetèrent quantité de pierres
en bas sur la tête des assaillants. Toute leur
vaillance fut inutile, car les habitants s'étant
joints aux soldats de la garnison, la plupart des
prisonniers furent forcés de se rendre. Un
petit nombre cependant préférèrent mourir en
désespérés que de retomber entre les mains de
leurs ennemis. Les Grecs alors apportèrent des
monceaux de bois pour brûler la tour et ceux
qui y étaient renfermés. Ceux-ci jetèrent d'abord
leurs habits pour éteindre l'incendie ; mais quand
ils virent que cela ne servait de rien, ils s'em-
brassèrent pour se dire le dernier adieu, se for-
tifièrent par le signe de la croix et se jetèrent
tout nus au milieu des flammes. Deux frères,
s'étant serrés très étroitement, se précipitèrent

du haut en bas et moururent de leur chute;
avant que de se jeter ils aperçurent un jeune
homme qui paraissait ébranlé par l'appréhen-
sion du précipice et du feu, et qui semblait plus
disposé à se rendre aux Grecs : ils le jetèrent
au milieu de l'embrasement et crurent le sauver
en le perdant », ajoute le sentencieux chroniqueur.

CHAPITRE V

Après tous ces combats si malheureux pour,
les Grecs, le siège de Gallipoli se trouva de
fait levé, et l'immense empire, terrassé par
cette poignée d'hommes extraordinaires, fut véritablement à leur merci. Les deux basileis qui
s'étaient retrouvés à Didymotichon, la Dé-
motika d'aujourd'hui, dans la vallée de la Maritza, ne savaient plus où se procurer des soldats
pour résister à ces démons et en étaient réduits
à nouveau à armer les bourgeois de la capitale.
Même les Turkopoules qui avaient fait défection

à la bataille d'Apros venaient par un acte formel de se mettre au service de la Compagnie. Ils s'étaient engagés à leur fournir trois mille hommes et huit cents chevaux, et combattaient maintenant tous ensemble sous la bannière de Khalil, qui commandait les premiers de ces mercenaires musulmans entrés à la solde des Francs. La Thrace entière, toute cette immense province environnant la capitale qui allait de la mer Noire et du Balkan jusqu'à Salonique, tout ce qu'on appelait plus spécialement alors la Romanie, à l'exception toutefois de la plupart des places fortes, passa soudain sous la domination de ces terribles aventuriers, ou plutôt devint le vaste et misérable théâtre de leurs incessantes et inénarrables expéditions de pillage. Aucune parole ne pourrait dépeindre les excès auxquels se livra cette soldatesque furieuse, ivre de victoire et de vengeance. Aucun récit ne pourrait retracer la terreur des Grecs. Une riche, grande et florissante province fut en quelques semaines transformée en désert; la population entière s'enfuit ou fut réduite au plus horrible esclavage.

« Telle était, répète encore Muntaner, l'épou-
vante que nous inspirions aux troupes impériales
qu'au seul cri : « Les Francs ! » poussé par quelques poltrons d'avant-garde, des corps d'armée
entiers se débandaient. L'audace des vainqueurs
rentrés victorieux à Gallipoli ne connut plus de
bornes. Ils donnèrent libre cours à leurs instincts
de meurtre, de viol et de rapine. Ce ne furent
plus à travers la Thrace et jusqu'en Macédoine,
jusqu'aux portes de Byzance, jusqu'à celles
d'Andrinople, qu'incendies de villes et de villages, massacres de populations. » « Tous les
jours, dit Muntaner, nous faisions des chevauchées jusqu'aux portes de Constantinople. »
« On voyait, répète à son tour Pachymère, les
paysans et leurs familles fuir de toutes parts
dans la direction de Byzance. » Tout ce qui
était faible ou vieux était égorgé. Tout ce qui
était beau, valide ou jeune était emmené à Gallipoli pour y être vendu. Des milliers de captifs
marchaient liés, poussés comme un troupeau
par une douzaine d'Almugavares ivres.

Rien n'égalait la rapidité de mouvement des

Catalans, la foudroyante allure de leurs expéditions, véritables razzias. Leur audace, encou-
ragée par une complète impunité, tenait du pro-
dige. « Un jour, raconte Muntaner, un Almugavare à cheval, Périch de Naclara, ayant perdu
au jeu une forte somme, prit ses armes. Accompagné de ses deux fils et sans autre escorte, il
courut tout d'une traite le long de la mer de
Marmara jusqu'aux faubourgs de Byzance. Em-
busqués dans un des jardins du Grand Palais,
les trois bandits virent deux riches marchands
génois de Péra qui chassaient aux cailles. Ils
les emmenèrent liés à Gallipoli et ne les relâ-
chèrent qu'au prix de trois mille besants d'or. »
« Et tous les jours, ajoute le chroniqueur, on
faisait beaucoup de semblables chevauchées. »
Tous les petites cités de la côte septentrionale
de la Propontide furent occupées et affreusement pillées. A Rodosto ou Rhædestos, qu'on
prit par surprise, où jadis les ambassadeurs de
la Compagnie avaient été traîtreusement écartelés, et où celle-ci prit à cœur d'aller venger
leurs mânes, on fit subir le même supplice à la

population tout entière! Malgré les efforts des chefs, il fut impossible à qui que ce fût d'arrêter ce hideux massacre. Hommes, femmes, enfants, les bêtes même périrent. On ne laissa pas un être vivant, et les quartiers humains formèrent quatre hideuses montagnes (1). On prit ensuite Paktya, dont les habitants eurent un sort analogue. La situation de Rhædestos convenant sous tous les rapports, on y transporta le quartier général. Gallipoli demeura la citadelle, le refuge de cette « nation militante », et Muntaner en fut le gouverneur avec le titre de « secrétaire de guerre » et la garde du Trésor, des magasins et de l'arsenal. On lui laissa tous les hommes de mer, plus cent Almugavares et cinquante cavaliers. Ce fut à Gallipoli que continuèrent à affluer les produits du pillage de la Thrace.

Diverses bandes allèrent s'installer avec leurs femmes ou leurs ribaudes et les enfants de celles-

(1) Moncada, écrivant en 1623, rapporte que parmi les habitants de ces contrées, c'était encore un usage subsistant à cette époque de dire, par forme de malédiction : « Que la vengeance des Catalans te poursuive ! »

ci dans d'autres villes de la côte, peu distantes de la capitale, comme Panidon, par exemple, ce qui augmentait les chances de butin. Tout ce vieux littoral de Thrace devint une sorte de nouvelle Espagne, où les aventuriers triomphants étalèrent insolemment leur brutale et fastueuse existence, interminable suite d'orgies succédant aux faits de guerre. Les troupes grecques demeuraient enfermées dans les grandes villes et les forteresses. Entre chaque expédition on retournait à Gallipoli, qui continuait à être le centre de ce singulier gouvernement. Car c'était un gouvernement véritable que celui de cette république armée, campée en plein empire d'Orient. Outre les trois chefs dont j'ai parlé, un conseil de douze capitaines veillait à la direction suprême. Ainsi vécurent ces soldats bandits durant deux ans et plus depuis la mort de leur césar, pillant et tuant pendant l'été, passant les hivers en fêtes grossières, sans qu'une seule fois l'empire grec impuissant les ait sérieusement menacés. Gallipoli était devenu le grand marché d'esclaves où tous les trafiquants de chair humaine venaient chercher pour les harems des émirs les jeunes filles et les jeunes garçons chrétiens. Ces incorrigibles pillards s'étaient faits vendeurs d'hommes, et tout ce qui était jeune et beau parmi ces immenses troupeaux de bétail humain qu'ils ramenaient de leurs razzias était impitoyablement vendu aux acquéreurs de Smyrne et du Kaire, au grand scandale de l'Église et de la chrétienté.

On pense bien que durant ce long intervalle les aventuriers reçurent de fréquents renforts. La renommée de leurs exploits, de leur butin fabuleux, éveillait chaque jour davantage d'ardentes convoitises en Occident. De nombreux détachements d'Almugavares étaient venus successivement rejoindre leurs compatriotes. Un d'entre eux, fort de quatre-vingts vétérans catalans et aragonais d'élite, leur avait été amené par ce même Fernand Ximénès de Arenos qui jadis s'était séparé du mégaduc Roger à Artaki et s'en était allé rejoindre le duc d'Athènes. Ce parfait capitaine s'en revenait maintenant de là-bas au bruit des exploits de la Compagnie. On en eut grande joie à Gallipoli. On fournit aux nouveaux venus des chevaux avec toutes choses nécessaires.

Les Catalans, sentant bien à quel point leur situation isolée au cœur de ce pays ennemi était au fond précaire, puisqu'il suffirait d'un chef byzantin audacieux et de quelques régiments d'élite pour les acculer à la plus périlleuse défensive, s'étaient encore, je l'ai dit, ménagé des auxiliaires d'une origine très différente. Ils avaient pris à leur solde quelques milliers de ces Turkopoules ou Turkoples, c'est-à-dire « fils de Turks », dont on rencontre à chaque page le nom dans les récits de guerre de cette époque dans le Levant. Ces hardis guerriers, cavaliers et piétons, venus d'Aïdin, de Smyrne et de tous les émirats d'Asie Mineure, qui vendaient ainsi leurs services aux Catalans mercenaires, leur demeurèrent, malgré le témoignage souvent contraire de Pachymère, fidèles jusqu'au bout. Il y eut, nous le savons par Muntaner, amitié sincère entre Almugavares et Turkopoules, basée sur la répartition rigoureuse du pillage fait en commun dans l'empire grec. Je ne pense pas que les hasards des guerres médiévales aient jamais produit association plus étrange, alliance plus scandaleuse.

Deux années cette vie dura à Gallipoli et dans les cités maritimes de Thrace, deux années d'orgie et d'abondance pour les aventuriers d'Ibérie, deux années d'indicibles souffrances pour les malheureuses populations de cette vaste province. Il faut lire les récits indignés des chroniqueurs byzantins contemporains, récits mélangés d'admiration craintive, pour comprendre quel effroyable désordre ces courses incessantes des Catalans avaient jeté dans l'empire des basileis. Un jour ces bandits faillirent enlever sur la route de Salonique à Constantinople la jeune impératrice, femme de Michel IX, avec toute son escorte. Le vieil empereur Andronic, incapable de chasser ces terribles gêneurs, tentait désespérément de les gagner, mais la subtile diplomatie byzantine demeurait impuissante, hébétée, en face de ces rudes soudards. On leur dépêchait ambassade sur ambassade, mais rien n'égalait l'insolence inouïe de leurs refus, l'énormité de leurs exigences. En attendant, le nombre des auxiliaires turkopoules augmentait sans cesse. De nouveaux détachements continuaient à traverser le détroit. Chose curieuse, il se joignait aussi aux Catalans une foule de Grecs affamés, déserteurs accourus sous la bannière de la Compagnie, après avoir préalablement coupé leurs cheveux et leur barbe, afin d'être pris pour des Latins. Tous étaient reçus à bras ouverts. Chaque jour encore des Français, des Italiens, des Espagnols accouraient à Gallipoli. La troupe des envahisseurs grossissait ainsi à vue d'œil. Leurs postes avancés allèrent jusqu'à Maronée, jusqu'à Bizya, jusqu'aux premières pentes du Rhodope. Muntaner, toujours si véridique, raconte parfois des incidents presque fabuleux, rappelant les exploits des compagnons de Roland ou des chevaliers de la Table ronde.

Un jour ce sont quatorze cavaliers almugavares, dont huit armés à la légère, qui osent, sous le commandement direct de Muntaner, attaquer Georgios, le puissant seigneur ou archón byzantin de la cité de Christopolis. Il s'en allait de Salonique rejoindre le basileus. Après leur avoir enlevé par surprise chariots et mulets, il les défiait à la tête de ses quatre-vingts cavaliers. Les quatorze héros le mirent en fuite après lui avoir tué ou pris trente-sept de ses hommes. Au retour, on mit à l'encan, suivant l'usage, sur la grande place de Gallipoli, les prisonniers, les chevaux, les armes, tout le butin. Chaque cheval bardé, c'est-à-dire caparaçonné, fut vendu vingt-huit besants d'or, chaque cheval armé à la légère seulement quatorze, chaque piéton sept. Un cheval valait quatre fantassins!

Une autre fois c'est Fernand Ximénès de Arenos qui, avec quatre cent cinquante hommes, s'en va en incursion jusqu'aux portes mêmes de Constantinople, la Ville gardée de Dieu! Du bas des remparts il menace et insulte le basileus, qui, des hautes fenêtres de son palais des Blachernes, contemple tremblant cette scène inouïe. Au retour, ramenant son butin et ses captifs, le chef espagnol tombe sur trois mille impériaux qui lui barrent le chemin. Il harangue fiévreusement ses hommes et, après un vif combat, malgré l'énorme disproportion des forces, prend ou tue le corps grec tout entier. Il vend à l'encan ses prisonniers et, avec le gros gain qu'il en tire, va faire le siège de Madytos (1). Bien que située sur la rive sud de la Chersonèse de Thrace, à très peu de distance de Gallipoli, cette place était encore aux mains des Byzantins. Sept cent cinquante hommes d'armes, que le Génois André Murisco réussit une fois à ravitailler, la défendaient. De Gallipoli, Muntaner expédie à Ximénès tous ses approvisionnements par barques. Le valeureux chef assiège Madytos huit mois durant avec ses trébuchets tirant de nuit et de jour. Un jour enfin, après maint essai infructueux, les Catalans prirent la ville par ruse. Le récit de cette surprise dans Muntaner est si vivant que je ne résiste pas au plaisir de le reproduire.

(1) Vulgairement nommée « Modico ».

« J'avais, écrit le vaillant Espagnol, envoyé à Ximénès dix échelles de corde avec des crocs, et plusieurs fois ils se crurent bien sur le point de l'enlever définitivement; mais ils ne pouvaient y parvenir. Or, je veux vous raconter la plus belle aventure qui leur arriva, et la plus belle en vérité qui arriva jamais (1).

« Un jour de juillet, c'était un jour de grande fête, tous les habitants du château se laissaient aller avec sécurité, qui à chercher les ombrages, qui à dormir, qui à se reposer, qui à converser; et comme c'était un grand jour de repos et que chacun succombait réellement à la chaleur, beaucoup se livraient au sommeil; mais qui que ce fût qui dormît, Fernand Ximénès veillait,

(1) Pachymère raconte ainsi la prise de Madytos (liv. VII, chap. vi) : «Les Almugavares, après avoir longtemps couru et pillé les terres de l'empire, assiégèrent le fort de Madytos assez proche de la rivière Sige; mais tous leurs efforts ayant été inutiles, ils se résolurent de la réduire par famine. En effet, les assiégés se trouvèrent tellement pressés par la faim qu'on dit qu'ils furent contraints de manger des choses qui faisaient horreur. Enfin, ne pouvant plus subsister, ils s'accordèrent de rendre la place pour sauver leur vie. Quand ils furent sortis, ils se dispersèrent de côtés et d'autres, et les vainqueurs se servirent de ce fort pour faire des courses par toute la Thrace. »

en homme qui avait grande charge et grande responsabilité. Il regarde du côté des murailles et n'entend aucune voix, et ne voit aucun homme apparaître; il s'approche du mur et fait semblant d'y appliquer une échelle, et personne ne se présente. Il s'en retourne aussitôt à ses tentes, et, de proche en proche et sans bruit, il fait avertir chacun de se tenir prêt. Il prend cent hommes jeunes et robustes, et avec les échelles ils s'approchent des murailles, les dressent le long du rempart, et puis sur chaque échelle montent cinq hommes l'un après l'autre, et tout doucement, tout doucement ils arrivent jusqu'au bout du mur sans avoir été entendus; puis d'autres montent après eux, et si bien qu'il y en eut jusqu'à soixante. A l'instant ils s'emparent de trois tours, et Fernand Ximénès arrive à la porte du château avec l'autre partie de ses gens armés de haches pour briser les portes. Au bruit que font ceux qui étaient montés sur les murs en tuant ceux qu'ils rencontraient, l'alarme se met dans la ville, et tout le monde accourt à la muraille; et pendant ce temps eux abattent les portes. Or, aussitôt que les soixante hommes avaient été montés sur la muraille, ils avaient commencé à égorger ceux qui étaient dispersés sur les murs à dormir, et tout le monde accourait pour s'opposer à eux; et pendant ce temps Fernand Ximénès était à la porte et songeait à briser le portail, et personne ne se trouva là pour s'opposer à lui. Les portes une fois brisées, ils se jetèrent dans la ville et tuèrent et détruisirent tout ce qui se rencontra devant eux. C'est ainsi que fut pris le château; et ils y trouvèrent tant et tant d'argent que de là en avant Fernand Ximénès et sa troupe ne manquèrent de rien et furent tous riches. Vous avez entendu la plus étrange aventure dont vous ayez jamais ouï parler, qu'en plein jour on prit d'emblée un château qui avait été assiégé pendant huit mois. »

Ximénès fit de Madytos sa place d'armes, de même que Rocafort avait établi ses principaux cantonnements dans Rodosto et Paktya. Muntaner continua à gouverner Gallipoli, magasin général de la Compagnie, asile des blessés, des femmes, des enfants, dépôt central du butin conquis, siège du Trésor.

En lisant tous ces fantastiques récits du chroniqueur catalan, on est à chaque page tenté de se demander ce que devenaient l'empire et l'empereur durant ces longues années de détresse. Ils n'existaient vraiment plus que de nom ; ils souffraient et anxieusement attendaient. On n'avait plus d'argent pour embaucher des troupes mercenaires. Il fallut se cantonner dans Constantinople, Salonique et quelques grandes places fortes, abandonner la Thrace aux fureurs des Almugavares, l'Asie aux constants progrès des Turks. Le basileus Michel, enfermé dans Didymotichon, n'osait en sortir. Ses troupes, tremblant au seul nom des Catalans, refusaient tout service. Les galères espagnoles couraient incessamment la mer de Marmara, interceptant tout trafic, empêchant tout ravitaillement. Ces terribles navigateurs allaient jusque dans les îles de l'Archipel, tuant, pillant, incendiant, poursuivant les navires byzantins jusqu'à Rhodes, jusqu'aux rives lointaines de la mer Noire.

Je passe rapidement sur une nouvelle tentative de l'infortuné basileus pour faire sa paix avec les Catalans, tentative que Pachymère raconte en détail. L'ambassade envoyée à Gallipoli échoua piteusement. Les chefs catalans, après un bref exposé de leurs griefs, répondirent par un insolent refus à la longue et menaçante harangue des envoyés impériaux, cherchant à répudier toute part dans le meurtre du césar (1). Je note ce détail que les cinq envoyés d'Andronic arrivèrent à Gallipoli montés sur des chevaux envoyés par la Compagnie. Ils étaient escortés par un nombre égal d'Almugavares qui avaient ordre de monter en croupe derrière eux, pour les protéger, disait-on. En réalité, il s'agissait de les empêcher d'inspecter trop curieusement la défense de Gallipoli. Les Catalans avaient au préalable

(1) Pachymère a peut-être bien inventé de toutes pièces cette harangue, dont le ton ne convient guère à l'état si misérable de l'empire à ce moment.

livré des otages garants de la sûreté des ambassadeurs (1).

Les Turkopoules se montraient des alliés infatigables. Chose presque incroyable, je l'ai dit, une union complète ne cessait de régner entre ces fils de la steppe, barbares sectateurs de Mahom, et les dévots enfants de l'Aragon et de la Catalogne. Les Turkopoules, s'étant emparés pour leur compte des passages du mont Ganos, y établirent leur place d'armes et firent de là des courses jusqu'à Tzurulon, tuant tout ce qu'ils rencontraient, emmenant tous les bestiaux. Ils assiégèrent de même la forteresse de Saint-Élie et la serrèrent de si près que les habitants, mourant de faim, mais résolus à ne point se rendre à ces Infidèles auxquels ils n'osaient se fier, appelèrent Rocafort. Celui-ci, accouru, força les Turks à se retirer devant lui et accepta la capitulation de

(1) Je note également pour mémoire la conduite imprudente du Génois André Murisco, vestiaire impérial, qui fut cause du retour sous la bannière de la Compagnie d'un fort parti de Turkopoules momentanément dé aché d'elle. Voy. PACHYMÈRE, *Andronic*, liv. VII, chap. III.

la place. Il traita cette fois la population avec douceur.

D'autres Turkopoules, très nombreux, s'é-taient logés dans la forteresse d'Hexamilion, une des clefs de la presqu'île de Gallipoli. Maroulès, chargé par le basileus de leur repren-dre cette place, tomba lourdement dans un piège grossier que lui tendit Rocafort et dut se retirer précipitamment.

Un des plus extraordinaires exploits de Roca-fort et de Ximénès fut la pointe qu'ils poussè-rent jusqu'à Stenia, que Muntaner appelle Ste-nayre (Stenauron), port très important sur le Bosphore, à quelques milles seulement de Constantinople! Franchissant au galop plus de quarante lieues de pays, tournant au loin l'immense capitale, mettant tout à feu et à sang sur leur passage, ils tombèrent à l'improviste sur cette place, un des principaux arsenaux impériaux « où se faisaient, dit Muntaner, toutes les nefs, « térides » et galères qui se cons-truisent en Romanie ». On les attendait si peu en ces lointains parages qu'ils ne trouvèrent aucune défense. Ils voulurent alors brûler les cent cinquante navires que contenait le port. Les équipages surpris tentèrent une courageuse résistance. Ils n'en succombèrent pas moins, et tout ce magnifique armement fut incendié. Beaucoup de matelots périrent dans les flammes. Les vainqueurs n'épargnèrent que les quatre galères catalanes dont les impériaux s'étaient emparés lors du meurtre de l'amiral Fernand d'Aunès. Pour mieux se garder, ils rompirent les digues. Le comble de l'humiliation fut qu'ils chargèrent leur butin sur les quatre galères conservées, et que celles-ci descendirent insolemment le Bosphore, défilant lentement sous les murs de Constantinople sans qu'on osât s'opposer à leur passage. Ce fait presque inouï est solennellement attesté par Muntaner. Rocafort et Ximénès rejoignirent leurs cantonnements par la voie de terre.

« Et lorsque ceci fut fait, dit encore Muntaner, la Compagnie se sépara donc en trois corps, savoir Fernand Ximénès à Madytos, Rocafort à Panidon et Rodosto, moi, Ramon

Muntaner, à Gallipoli, point central de tout, avec tous les hommes de mer et autres. Et tous nous étions riches et très à l'aise; nous ne semions ni ne labourions, ni ne cultivions les vignes, ni ne les taillions; et cependant nous recueillions chaque année autant de vin qu'il en fallait pour notre usage, et autant de froment et autant d'avoine. Et ainsi vécûmes-nous, pendant cinq ans, à bouche que veux-tu (1). Et nous faisions les plus merveilleuses chevauchées qu'on puisse imaginer; tellement que, si on vous les racontait toutes, aucune écriture ne pourrait y suffire. »

En dehors de la soif du pillage, il ne restait place que pour un unique sentiment, la soif de la vengeance. « Peu de jours après, nous nous mîmes en tête, Rocafort, Fernand Ximénès, moi et les autres, que tout ce que nous avions fait n'était rien si nous n'allions combattre les Alains qui nous avaient tué le césar. Et finale-

(1) Ramon Muntaner exagère. Tout le séjour en Thrace ne dura guère que trois ans, ou plutôt, dans ces cinq années, l'écrivain espagnol compte les longs mois de séjour postérieu, à Kassandreia de Macédoine.

ment l'accord fut pris, et nous mîmes à l'instant la chose en œuvre ! »

Ces barbares Alains et leurs chefs, depuis peu, on l'a vu, brouillés avec les Grecs, étaient en ce moment campés sur la mouvante frontière de Bulgarie, s'apprêtant à regagner leur lointaine patrie. D'autres les disaient sur le point de se mettre au service de cette même Bulgarie. Ils se trouvaient déjà fatigués par un long voyage. On résolut d'aller les surprendre et d'en faire un grand massacre aux mânes du césar adoré (1).

« Et il fut décidé que ceux de la Compagnie qui étaient à Panidon et à Rodosto avec femmes et enfants retourneraient à Gallipoli avec leurs femmes, leurs maîtresses, leurs enfants, et tout ce qui était à eux; qu'ils les y laisseraient avec tout leur avoir, et que c'était de là que sortiraient les bannières. Cela se fit ainsi, parce

(1) Pachymère rapporte que ce furent les Turkopoules qui, dans le désir de délivrer des prisonniers de leur nation, décidèrent les Catalans à attaquer les Alains, alors que ces routiers penchaient davantage pour aller dévaster à fond les environs de la capitale et arracher ensuite de l'argent au basileus dans Constantinople même.

que Gallipoli était le chef-lieu de toute l'armée.
Et moi, j'étais à Gallipoli avec toute ma maison
et tous les secrétaires de l'ost, et j'étais capitaine de Gallipoli; et tant que l'armée y était,
tous devaient reconnaître mon autorité, du plus
grand au plus petit. J'étais de plus chancelier
et maître rational (1) de toute l'armée, et tous
les secrétaires de l'ost restaient toujours avec
moi; de telle sorte qu'en nul temps, ni en
aucune heure, aucun de ceux qui étaient dans
l'ost ne savait combien nous étions, excepté
moi. Et je tenais écriture pour savoir pour
combien de chevaux bardés et pour combien
de chevaux armés à la légère chacun prenait
part, et il en était de même des hommes de
pied; si bien que c'était d'après mon registre
que se réglaient les chevauchées. Et j'avais le
cinquième du profit de toutes les courses, aussi
bien courses de mer que chevauchées. Je tenais
aussi le sceau de la Compagnie; car, aussitôt
que le césar eut été tué et Bérenger d'En-

(1) « Dignité de la couronne d'Aragon, dit Buchon, qui réunis-
sait à la fois les droits de trésorier et de chancelier du royaume. »

tença fait prisonnier, la Compagnie avait fait faire un grand sceau sur lequel était le bienheureux saint Georges, et l'inscription portait : *Sceau de l'ost des Francs qui règnent sur le royaume de Macédoine*. Et ainsi Gallipoli fut toujours le chef-lieu de cette Compagnie, savoir, pendant sept ans que nous en fûmes les maîtres, après que le césar eut été tué, et durant cinq ans desquels nous y vécûmes à bouche que veux tu, mais sans jamais semer, planter ni labourer (1). Et lorsque toute la Compagnie fut réunie dans cette ville, le sort tomba sur moi pour rester à la garde de Gallipoli, des femmes, des enfants, et de tout ce qui appartenait à la Compagnie. On me laissa deux cents hommes d'armes à pied et vingt à cheval de ma compagnie, et il fut décidé qu'ils me donneraient le tiers du cinquième de ce qu'ils gagne ent, qu'un autre tiers serait partagé entre ceux qui restaient avec moi, et que l'autre tiers serait pour Rocafort.

(1) Muntaner fait erreur. La Compagnie ne demeura pas trois années à Gallipoli même.

« On agit ainsi vis-à-vis de ceux qui restaient et on leur offrit double part de butin, parce qu'autrement on n'aurait trouvé personne qui voulût rester en arrière. Que vous dirai-je? Pendant la nuit, de ceux qui devaient rester, il en partit tant qu'il ne demeura avec moi que cent trente-trois hommes de pied, soit hommes de mer, soit Almugavares, et sept chevaux bardés qui étaient de ma maison; quant aux autres, il me fallut bien leur donner congé par force, et ils promirent de partager par moitié tout le butin que Dieu leur accorderait avec ces sept chevaux bardés qui restaient avec moi. Et ainsi je restai mal accompagné d'hommes, mais bien accompagné de femmes; car il resta très certainement plus de deux mille femmes, entre unes et autres, avec moi. »

Dans cette soif soudaine de vengeance, on marcha douze journées de suite dans la direction du nord. C'était vers l'époque de ia moisson, dit Pachymère. Enfin on atteignit l'immense campement des cavaliers alains dans une vaste plaine au pied du Balkan. Le même

vieux chef qui, de sa main, avait tué le césar,
Gircon ou Georgios, les commandait encore.
Comme tous les peuples de la tente, ils avaient
auprès d'eux leurs femmes et leurs enfants, qui
les accompagnaient à cheval dans leur errante
vie au service du basileus. Les Catalans, dans
leur passion guerrière, se hâtaient de les
rejoindre avant qu'ils eussent franchi le Balkan. C'étaient de superbes et hardis cavaliers
que ces barbares, « la meilleure cavalerie qui
soit dans le Levant avec les Turkopoules », dit
Muntaner. La Compagnie, bien qu'en nombre
très inférieur, fondit sur eux à l'improviste, de
grand matin. La horde comprenait environ trois
mille cavaliers et six mille piétons. Surpris,
bien qu'un millier de leurs hommes fussent déjà
à cheval tout appareillés au combat, ils résis-
tèrent vaillamment. « Que vous dirai-je? La
bataille fut forte et dura tout le jour; si bien
qu'à l'heure de midi leur chef Gircon fut tué,
sa tête coupée, ses bannières abattues, et que
bientôt tous les Alains se mirent en déroute. »
Ce fut une défaite affreuse. Tout ce fort groupe

de nation slave périt, sauf trois cents hommes à peine. « Ils voulurent mourir, dit Muntaner, tant leur cœur se brisait à la pensée de perdre leurs femmes et leurs enfants, dont les Catalans allaient faire des esclaves. » Le guerrier chroniqueur raconte longuement, sur un ton d'admiration émue, la mort héroïque d'un de ces sauvages fils de la steppe. Il fuyait sur un bon cheval, et sa femme sur un autre. Trois Catalans s'attachèrent à leur poursuite. Le cheval de la femme faiblissait. Lui, l'épée à la main, le poussait devant lui, le frappant vigoureusement. Enfin les Catalans les atteignirent, et la femme voyant soudain son homme en arrière, éperonnant vainement pour la rejoindre, poussa un grand cri. « Et lui, se retournant à l'instant vers elle, la serra dans ses bras, la baisa, et l'ayant bien tendrement baisée, de son épée il lui donna une si ferme estocade sur le cou qu'il lui fit sauter la tête à l'instant. Cela fait, il se retourna contre nos cavaliers qui déjà s'emparaient du cheval de la femme, et de son épée asséna un tel coup à l'un d'eux, nommé Guillaume de Bellver, que le bras gauche lui partit de ce seul coup et qu'il tomba mort à l'instant. » Ses deux compagnons, un « adalil » nommé Arnaud Miro et Bérenger de Ventayola, fondirent sur l'Alain et lui sur eux. Il ne voulut jamais s'éloigner du corps de sa femme. Il fallut le mettre en pièces après qu'il eut blessé ses deux adversaires. « Vous voyez qu'il mourut en bon chevalier, s'écrie Muntaner, et que ce n'était que la grande douleur qui l'avait fait agir ainsi. »

Les Catalans et leurs auxiliaires turkopoules, après s'être longuement reposés, heureux de cette complète vengeance, rentrèrent à grande joie à Gallipoli à travers un pays totalement dévasté, sans rencontrer sur la route un seul détachement byzantin. Quatre cents chariots ramenaient le butin, les femmes à la longue crinière rousse, les jeunes filles au parler sauvage conquises sur les Alains. Un immense convoi de bestiaux enlevé aux barbares suivait tous ces *impedimenta*. Les vainqueurs n'avaient perdu que quarante-quatre des leurs, mais ils ramenaient beaucoup de blessés.

Une grande surprise attendait les bons compagnons au retour. En leur absence, il s'était passé du nouveau à Gallipoli. L'empereur, dit à peu près Muntaner, qui fut l'âme de ces événements, l'empereur avait appris le départ de la Compagnie à la poursuite des Alains. Par hasard, à ce moment même, arrivaient à Constantinople dix-huit galères génoises dont était capitaine Ser Antoine Spinola. Celui-ci venait de Gênes pour chercher et ramener en Lombardie un fils de l'empereur Andronic qui devait être marquis de Montferrat. C'était au commencement du printemps de l'an 1306. Depuis la brouille avec les Catalans et leur installation à Gallipoli, l'empereur négociait avec les Génois pour qu'ils le délivrassent de ces si terribles gêneurs. Jamais on n'avait pu s'entendre sur les sommes à fournir par le trésor impérial. Cette fois enfin on tomba d'accord. Spinola, à l'unique condition qu'une fille de sa famille qui répondait au doux nom d'Argentina épouserait le nouveau marquis, proposa à l'empereur de faire la guerre aux « Francs de Romanie », ainsi que s'intitulaient les Catalans. Andronic s'empressa d'accepter. « Et là-dessus ledit Ser Antonio s'en vint avec deux galères à Gallipoli et nous défia de la part de la commune de Gênes. Et son défi fut ainsi conçu : il nous mandait et ordonnait, de la part de la commune de Gênes, que nous eussions à sortir de leur Jardin (c'était l'empire de Constantinople qu'ils appelaient le Jardin de la commune de Gênes), et que, si nous n'en sortions pas, il nous défiait au nom de la commune de Gênes et de tous les Génois du monde. Moi, je lui répondis que nous n'accepterions pas son défi ; que nous savions bien que sa commune avait été et était amie de la maison d'Aragon et de Sicile et de Majorque, et qu'ainsi il n'y avait pas de raison pour qu'il nous fît ce défi et pour que nous, nous dussions le recevoir. Il fit faire une charte publique de tout ce qu'il avait dit, et j'en fis faire une autre de ce que j'avais répondu au nom de la Compagnie. Et puis il revint une seconde fois avec le même défi ; et moi, je lui répondis de la même manière,

et on en fit faire d'autres chartes publiques. Et
puis il revint une troisième fois à la charge; et
moi, je lui répondis qu'il disait mal en signant de
son nom de tels défis, car c'était de la part de
Dieu et pour l'exaltation de la sainte foi catholique que j'étais venu en Romanie; qu'il cessât
donc de semblables défis, et que moi, au nom
de notre saint père le pape, de qui nous tenions
notre bannière, comme il pouvait le voir, pour
marcher contre l'empereur et ses gens qui
étaient des schismatiques et qui en grande trahison avaient tué nos chefs et nos frères au moment où ils venaient servir avec nous contre
les Infidèles, je le sommais au contraire lui-
même, au nom dudit saint père, et du roi d'Aragon et du roi de Sicile, qu'ils nous prêtassent
aide pour accomplir notre vengeance; que s'ils
ne voulaient pas nous être en aide, au moins ils
ne nous nuisissent pas; et que dans le cas contraire, s'il ne voulait pas révoquer ses défis, je
protestais au nom de Dieu de la sainte foi
catholique, que c'était sur sa tête à lui qui avait
fait un tel défi, et sur la tête de tous ceux qui

l'avaient soutenu en cette affaire, que retomberait tout le sang qui coulerait de notre côté et du leur par suite de son défi, et que nous, nous en serions sans péché et sans tache, et que Dieu et le monde pourraient voir comment nous avions été forcés de le recevoir et de nous défendre; et tout cela, je le fis rédiger en forme d'acte public. Lui toutefois persista dans ses défis.

« Et il agissait ainsi, parce qu'il avait donné à entendre à l'empereur que, dès que leur commune nous aurait donné son défi, nous n'oserions point rester en Romanie. Il connaissait mal le fond de notre cœur, car nous avions bien fermement pris à cœur la résolution de ne partir jamais, au grand jamais, avant d'avoir accompli notre entière vengeance.

« Il s'en retourna donc à Constantinople et dit à l'empereur ce qu'il avait fait, et ajouta qu'à l'instant même il allait lui livrer et le château, et moi, et nous autres tant que nous étions. Il fit embarquer son monde à bord de ses dix-huit galères et de sept de l'empereur, dont était amiral le Génois André Murisco; et ils prirent

avec eux le fils de l'empereur pour le conduire
au marquisat de Montferrat. Et ils arrivèrent
devant nous à Gallipoli, un samedi, avec leurs
vingt-cinq galères. Tout le jour et toute la nuit
ils firent des échelles et autres machines pour
attaquer Gallipoli, sachant bien que la Compagnie s'était éloignée de nous, et que nous
n'étions restés que fort peu d'hommes d'armes.
Pendant qu'ils préparaient leurs batailles pour
donner sur nous le lendemain, moi, je préparai
ma défense durant toute la nuit. Et voici comment je disposai la défense : je fis revêtir d'armures toutes les femmes que nous avions avec
nous, car pour des armures nous n'en avions
que trop ; et je les fis placer sur les murailles ;
et à chaque partie des murailles, je fis placer un
marchand de Gallipoli, de ces marchands catalans que nous avions parmi nous, et lui donnai
le commandement des femmes. Je fis placer
dans toutes les rues des demi-tonneaux de vin
bien trempé, avec du vinaigre et beaucoup de
pain, afin que mangeât et bût qui voudrait, sachant bien que nos ennemis en dehors étaient

si forts qu'ils ne nous laisseraient pas le temps d'aller manger chez nous. J'ordonnai que chaque homme fût bien cuirassé, parce que je savais que les Génois allaient toujours bien fournis de traits et qu'ils en feraient une grande consommation, car leur usage est de ne faire que tirer, et ils emploient plus de carreaux (1) en une bataille que ne le feraient les Catalans en dix. Ainsi je revêtis chaque homme d'une bonne armure, et je fis laisser ouvertes toutes les portes des barbacanes (car toutes les barbacanes étaient treillagées) afin que nous pussions accourir là où il serait le plus besoin. D'un autre côté, j'ordonnai que des médecins se tinssent tout prêts à panser les gens aussitôt qu'ils revenaient blessés, de telle sorte qu'ils pussent aussitôt retourner au combat. Et quand jeus pris toutes ces précautions et fixé à chacun l'endroit où il devait se tenir et ce qu'il aurait à faire, avec vingt hommes, j'allai et courus çà et là, partout où je voyais qu'était le plus grand besoin.

(1) Vieux mot français, pour traits.

« Cependant le jour arriva, et les galères vinrent prendre terre. Et avec un bon cheval que
j'avais, moi troisième de chevaliers bardés de
cuirasses et de pourpoints de mailles, j'empêchai
les matelots de prendre terre jusqu'à l'heure de
tierce. Et à la fin, dix galères prirent terre fort
loin de nous ; et au moment où elles prenaient
terre, mon cheval s'abattit, et un mien écuyer
s'approcha et me donna son cheval. Mais, pour
tant que je pusse me hâter, entre le cheval qui
était à terre et moi, nous reçûmes treize blessures. Toutefois, aussitôt que je fus monté sur
l'autre cheval, je pris mon écuyer en croupe ; et
ainsi je me retirai au château avec cinq blessures pour ma part, mais dont je me ressentis
très peu, à l'exception d'une que j'avais reçue
tout le long du pied, d'un coup d'épée. Cette
blessure ainsi que les autres, je les fis aussitôt
panser, mais j'y perdis mon cheval. Dès que les
gens des galères virent que j'étais tombé, ils
s'écrièrent : « Le capitaine est mort ! droit sur
eux ! » Alors ils prirent terre tous ensemble.
Et ils avaient fort bien ordonné leurs batailles,

car de chaque galère il sortit une bannière avec la moitié de la chiourme. Ils le firent ainsi, pour que, si quelqu'un de ceux qui allaient au combat avait faim ou soif, ou était blessé, ils pussent le renvoyer à la galère; de telle sorte que si c'était un arbalétrier, un autre arbalétrier sortait pour le remplacer; et de même si c'était un lancier, il était remplacé par un lancier, et ainsi des autres; et de cette manière le nombre de ceux qui combattaient ne pouvait diminuer, soit qu'ils allassent manger ou qu'ils s'éloignassent pour toute autre cause; et ils pouvaient livrer leur bataille de plein en plein. Et ils débarquèrent ainsi ordonnés; et chacun d'eux se prépara à combattre avec leur chiourme; et ils se disposèrent à nous attaquer vigoureusement et nous à nous défendre. Ils nous lançaient tant et tant de carreaux qu'ils empêchaient presquē de voir le ciel; et ce jet dura jusqu'à none, tellement que tout lē château en était rempli. Que ne vous dirai-je pas? Tous ceux de nous qui nous aventurâmes au dehors, nous fûmes blessés; et un mien cuisinier qui était à la cui-

sine à faire cuire des poules pour les blessés
fut atteint d'un trait qui lui arriva par la che-
minée et qui lui pénétra bien de deux doigts
dans les muscles.

« Que vous dirai-je? La bataille fut vigou-
reuse ; et nos femmes, à l'aide de grosses pierres
et de moellons que j'avais fait apporter sur les
murailles, défendaient si obstinément les barbacanes que c'était merveille. Et en vérité il y
avait telle femme qui était blessée au visage de
cinq coups de traits, et qui se défendait encore
comme si elle n'eût eu aucun mal. Et cette bataille dura jusqu'à l'heure de la matinée. Et quand
arriva cette heure de la matinée, le capitaine,
Ser Antoine Spinola, que je vous ai déjà nommé
et qui avait fait les défis, s'écria : « O hommes
sans cœur! comment! trois teigneux qui sont
là dedans se défendront contre nous! Vous êtes
bien lâches! » Et alors avec quatre cents
hommes de famille qu'il avait avec lui, et qui
étaient tous des meilleures familles de Gênes,
il se disposa à sortir des galères. On vint à l'instant m'en avertir, moi et les six autres cavaliers

bardés que j'avais. Et quand nous fûmes en bon arroi et bien appareillés, de telle sorte qu'il n'y manquât rien, je fis venir cent hommes, des meilleurs que nous avions dans le château. Je leur fis quitter leurs armures, parce qu'il faisait grand chaud, car nous étions au milieu du mois de juillet, et d'ailleurs je m'étais aperçu que les traits avaient cessé et que les ennemis n'en lançaient plus, car ils les avaient tous employés. Et en chemise et en braies, chacun armé d'un écu, la lance à la main, l'épée à la ceinture, le poignard au côté, je leur ordonnai de se tenir prêts; et aussitôt que le capitaine Ser Antoine Spinola, avec tous ses braves et ses cinq bannières, fut arrivé à la porte de fer du château et qu'ils eurent combattu vivement un certain espace de temps, tellement que la plupart d'entre eux en sortaient la langue de soif et de chaleur, je me recommandai à Dieu et à madame sainte Marie, je fis ouvrir la porte, et avec les six chevaux bardés et mes hommes de pied ainsi légèrement équipés nous fondîmes sur les bannières si rudement que du premier choc nous en abattîmes quatre. Et quand ils virent que nous férions si vigoureusement, tant hommes de cheval qu'hommes de pied, ils lâchèrent pied, et nous ne vîmes bientôt plus que leurs épaules.

« Que vous dirai-je? Ser Antoine Spinola laissa sa tête là même où il avait fait les défis, et avec lui tous les gentilshommes qui étaient sortis à sa suite. Enfin il y mourut bien certainement plus de six cents Génois. Et je vous dis que, sur les échelles mêmes de leurs galères, nos gens montaient confondus avec eux; et en vérité, si nous eussions eu seulement cent hommes de troupes fraîches, de leurs galères nous en aurions retenu plus de quatre. Mais nous étions tous ou blessés ou harassés; et nous les laissâmes aller à leur male heure. Ils n'étaient pas plus tôt tous embarqués, et non pas sans qu'à leur embarquement il n'y en eût un bon nombre qui tombèrent dans la mer et s'y noyèrent, que me parvint l'avis que, sur une colline voisine, il en était resté jusqu'à quarante; et nous y courûmes; le chef de ces quarante était l'homme le plus vigoureux de Gênes, nommé Antoine Boccanegra.

« Que vous dirai-je? Tous ses compagnons périrent; et lui tenait en main une épée droite à deux tranchants, et en lançait de tels estocs que nul n'osait approcher. Moi, lui voyant faire de si grandes choses, j'ordonnai que qui que ce soit se gardât de le férir, et je lui dis de se rendre, et l'en priai plusieurs fois; mais jamais il n'en voulut rien faire. Alors j'ordonnai à un mien écuyer, qui était sur un cheval bardé, de brocher de l'éperon contre lui; et il le fit volontiers; il alla donner d'une telle force contre lui avec le poitrail de son cheval, qu'il l'abattit à terre; et à l'instant on fit de son corps plus de cent pièces. Ainsi les galères des Génois mises en déroute s'enfuirent après avoir eu beaucoup de leurs gens tués et détruits, et retournèrent à Gênes avec le marquis de Montferrat, et les galères de l'empereur retournèrent à Constantinople. Et chacun s'en alla fort maltraité; et nous, nous restâmes gais et satisfaits.

« Le lendemain, nouvelle étant parvenue à

la Compagnie que nous étions assiégés, ceux d'entre eux qui étaient bien montés se hâtèrent de pousser leurs chevaux, si bien qu'en une nuit et un jour ils firent plus de trois journées; aussi le lendemain au soir il nous arriva plus de quatre-vingts hommes de cheval; et au bout de deux jours tout l'ost arriva, et nous trouva moulus et blessés; et ils eurent grand regret de ne s'être pas trouvés là. Cependant nous nous réjouîmes tous ensemble et nous fîmes des processions pour rendre grâces à Dieu des victoires qu'il nous avait fait obtenir; et nos compagnons nous firent large part de ce qu'ils avaient gagné; de sorte que, grâce à Dieu, nous fûmes tous plus que riches (1). »

Il faut placer comme suite à la guerre contre les Alains et probablement *avant* le retour du corps expéditionnaire à Gallipoli un sérieux échec subi par les Catalans sous Andri-

(1) Pachymère raconte très brièvement cette attaque infructueuse des Génois contre Gallipoli. Voy. *Andronic*, liv. XIII, chap. xx.

nople, échec conté par Pachymère, mais sur lequel Muntaner est demeuré volontairement muet. La Compagnie, c'est-à-dire la portion qui avait massacré les Alains, après avoir mis à sac les environs de cette grande ville et arraché toutes les vignes, s'était logée dans les faubourgs en partie incendiés. Bientôt elle attaqua la place même, qui, vaillamment défendue par le grand échanson Ange et Choumnos Skouteris, chefs distingués tous deux, résista avec énergie. Au bout d'une semaine de luttes sanglantes, les Catalans offrirent de se retirer, à condition qu'on leur rendit le corps du césar, leurs prisonniers aussi, et qu'on les reçût dans la ville. Sur le refus des assiégeants, l'attaque recommença plus violente. Les Catalans réussirent à s'emparer d'une porte, mais ils trouvèrent derrière celle-ci une haute muraille qui les arrêta net. Toutes leurs machines de guerre battirent vainement cet obstacle. Pachymère s'étend longuement sur l'aventure d'un de ces grands châteaux de bois, immense machine roulante, tapissée de peaux de bœufs fraîchement tués,

qui, remplie des soldats de Ximénès de Arenos, fit d'abord beaucoup de mal aux assiégés,
puis finalement fut démolie par une énorme
poutre lancée du haut des murailles. Bref, les
Catalans durent se retirer après avoir perdu
une foule de vaillants compagnons. Il leur
arriva de même dans une autre tentative contre
la place de Pamphilia. Déconcertés par ce
double échec et n'osant aller s'attaquer à
Didymotichon, ils prirent le parti de regagner
Gallipoli, ainsi que je viens de le raconter.

« Pendant que tout ceci se passait, poursuit
Muntaner, les Turks que nous avions jetés hors
de l'Anatolie furent à leur tour informés de la
mort du césar et de la prise de Bérenger d'Entença. Ils apprirent les victoires que Dieu nous
avait accordées et surent que nous étions très
nombreux. Ils retournèrent donc en Anatolie et
soumirent à leur autorité toutes les cités, villes
et châteaux des Grecs, et ils les pressurèrent
bien autrement que nous ne l'avions fait quand
nous y étions allés. Voyez le bien qui résulta
des males œuvres de l'empereur, et de leurs

trahisons envers nous! Ils en perdirent toute l'Anatolie que nous avions délivrée, et ils eurent en même temps et les Turks et nous autres qui épuisâmes toute la Romanie; car, sauf les villes de Constantinople, Andrinople, Christopolis et Salonique, il n'y eut cité ni ville qui ne fût mise par nous à feu et à sang, aussi bien que tout autre lieu, si ce n'est les forts placés sur les montagnes. »

Ces quelques lignes résument fidèlement la situation infiniment lamentable de l'empire à ce moment. Les Turks avaient repris tous leurs avantages en Asie. En Europe, les Catalans constituaient une calamité sans nom.

La Compagnie reçut à ce moment un nouvel accroissement de forces. Un chef turk, Ishak Melek, descendant de l'antique dynastie seldjoukide, leur amena sa troupe, forte de huit cents hommes de cheval et de deux mille hommes de pied. Tous ces guerriers arrivaient accompagnés de leurs femmes et de leurs enfants. « Et si jamais gens, dit Muntaner, furent soumis à leurs seigneurs, ce furent bien ces hommes-là envers nous. Et si jamais hommes furent loyaux et vrais, ce furent bien ceux-là de tout temps envers nous. Et ils furent aussi fort bons hommes d'armes et en tout autre fait. Ils restèrent donc avec nous comme des frères, et toujours réunis en corps séparé ils se tinrent près de nous. » Bientôt encore les mille derniers cavaliers turkopoules au service du basileus (les trois mille autres avaient péri en combattant les Catalans) vinrent se joindre à la Compagnie. « Et ceux-ci furent en tous temps comme les autres, bons, loyaux et dociles. De manière que nous accrûmes notre nombre de dix-huit cents Turks à cheval et que nous tuâmes ou enlevâmes à l'empereur tous les mercenaires de cette nation qu'il avait. Ainsi nous dominâmes tout le pays et chevauchâmes par tout l'empire à notre fantaisie. Et quand les Turks et Turkopoules allaient en chevauchées, ceux des nôtres qui le souhaitaient allaient avec eux; et ils traitaient les nôtres avec beaucoup d'honneurs, et ils faisaient en sorte qu'ils revenaient toujours avec deux fois autant de butin qu'ils n'en avaient eux-mêmes. Enfin, il n'advint jamais qu'entre eux et nous il y eût aucune altercation (1). »

Conçoit-on quel devait être l'effroyable état de l'empire? Ces Catalans, ces Turks, allant, venant, traversant à loisir les détroits, chevauchant de concert à travers la Thrace, tout cela à quelques milles de la capitale de l'empire, presque sous les yeux du basileus tapi dans son palais des Blachernes, et cela durant des années!

(1) Le récit de Pachymère est fort différent. Le chroniqueur byzantin s'étend longuement sur la duplicité d'Ishak Melek, qui, moyennant un mariage avec l'héritière des Seldjoukides d'Iconium, aurait cherché à trahir la Compagnie au profit du basileus. Il y aurait eu de sa part plusieurs tentatives de désertion. Au siège de Rodosto, on le verra, la conduite des Turks fut des plus louches. Même il y avait eu peu auparavant un violent combat sur la rive de l'Hellespont entre les Catalans et leurs mercenaires qui voulaient les quitter et qui furent défaits. Les Catalans se seraient fait livrer Ishak Melek, son frère et Takantziaris, chef particulier des Turkopoules, et auraient coupé la tête aux deux premiers. En dépouillant les cadavres on aurait trouvé sous le bras d'Ishak une lettre du basileus Andronic invitant les Turks à embrasser son parti. Les chefs turkopoules survivants auraient apporté sur-le-champ tant de raisons pour leur justification qu'au lieu de les tuer aussi on se serait contenté de les mettre sous bonne garde. Ce long récit de Pachymère, bien qu'en apparence très précis, est presque inconciliable avec les affirmations réitérées de Muntaner, témoin oculaire, sur la fidélité à toute épreuve des Turkopoules. Il y a là une contradiction que je ne m'explique point.

Quels temps terribles dont peuvent difficile-
ment se faire une idée les paisibles enfants de
l'aurore du vingtième siècle!

On continua donc au sein de la Compagnie
cette vie large, brutale, sans frein. Seulement
les contrées environnantes devenant de plus en
plus désertes, les bandes à cheval ainsi que les
galères durent aller quérir toujours plus loin de
nouveau butin. De même, pour pouvoir continuer tout à leur aise de piller les campagnes
de Romanie, les Catalans se virent contraints,
de s'emparer d'un certain nombre de places et
de châteaux plus éloignés demeurés aux mains
des troupes byzantines. Les aventuriers, gâtés
par tant de succès et tant d'excès, ne possédaient alors déjà plus cette forte et magnifique
discipline qui, au temps de l'autorité suprême
du césar Roger, les avait tenus si fermement
unis.

J'ai dit qu'en dehors de Muntaner, spécialement préposé au gouvernement de Gallipoli,
deux chefs principaux se partageaient le com-

mandement suprême de la Compagnie, Rocafort et Ximénès de Arenos. A ceux-ci vint se joindre à nouveau, fort à l'improviste, Bérenger d'Entença, le triste prisonnier des Génois.

Délivré des geôles italiennes par la grâce du roi Jacques d'Aragon, auquel la Compagnie avait dépêché à cet effet trois ambassades, Entença, qui, du reste, avait dû se contenter de sa seule liberté sans pouvoir rien recouvrer des richesses qui lui avaient été ravies, avait d'abord couru trouver le pape et le roi de France, Philippe le Bel, pour les intéresser à la cause de la Compagnie. Après un échec complet, il s'en était retourné en Catalogne, où il avait vendu ses terres. Avec le produit il avait nolisé un navire sur lequel il avait embarqué, dit Muntaner, « entre hommes de parage (c'est-à-dire de noblesse) et autres, mais tous gens de cœur, bien cinq cents hommes ». Un beau jour on vit poindre sa galère à Gallipoli! « Je le reçus fort honorablement, en homme que je devais regarder comme chef et supérieur; mais Rocafort ne voulut point le reconnaître, lui, pour chef et supérieur; et il prétendit que c'était lui-même qui était chef et devait être chef; et le débat fut grand entre eux. » Rocafort, de l'aveu de Muntaner, avait de beaucoup la principale influence. Il était « le plus fameux chef de l'ost » et jouissait d'un immense crédit, d'une intense popularité, aussi bien auprès des Almugavares, qui lui étaient vivement attachés et lui faisaient comme une garde, qu'auprès des Turkopoules. Les esprits étaient fort surexcités. Tout ce que put faire le bon Muntaner, qui s'entremit aussitôt en s'aidant des conseils des douze chefs de l'armée, fut d'empêcher qu'on n'en vînt aux mains. On raccommoda tant bien que mal les deux frères ennemis. Pour éviter à tout prix une collision entre leurs partisans, aussi avec ceux de Ximénès, qui avait failli un moment trahir la Compagnie au profit du basileus (1), on décida solennellement que chacun des trois chefs, avec son corps de troupes particulier, ferait bande à part, que chacun opérerait

(1) Voy. dans Pachymère, *Andronic*, l. VI, ch. xxx, le long récit de ces louches négociations entre Andronic et Ximénès.

de son côté ses chevauchées particulières et serait cantonné à part dans un certain nombre des villes et des villages que la Compagnie occupait dans un rayon de soixante à quatre-vingts milles aux alentours de Gallipoli. Il fut de même convenu que chaque capitaine entre-prendrait pour son compte les sièges et les raz-zias qui lui conviendraient. « Pour traiter de cette paix et concorde entre eux, ajoute Munta-ner, j'essuyai beaucoup de peines, de soucis et de périls, car il me fallait aller sans cesse des uns aux autres; et pour cela j'avais à passer devant des forteresses ennemies qui nous fai-saient frontière. »

Quand donc, après un long repos entremêlé de longues orgies, la nostalgie des combats reprenait un de ces rudes capitaines, tantôt Rocafort, tantôt Ximénès ou Entença partait avec ses fantassins, ses cavaliers, ses chariots, ses trébuchets particuliers, et allait battre les murs de quelque place forte byzantine. Rocafort allait, avec les Turks et une grande partie de l'Almugavarerie, attaquer Ænos. Entença, auquel s'étaient surtout ralliés les Aragonais et la noblesse, allait assiéger le château de Mégarix (1). Quant à Muntaner, il envoyait son cousin Jean aider le Génois Ticino Zaccaria à s'emparer de la riche ville de Phokia ou Phocea Nuova, l'antique Phocée, sur la côte d'Asie, puis d'un château dans l'île de Thasos. Après qu'on avait plus ou moins promptement ouvert la brèche, on donnait l'assaut, on égorgeait sans pitié tout ce qui n'était pas bon à être vendu, on emmenait le reste. Après un pillage minutieux, on installait dans la ville prise, sous la direction d'un capitaine, un certain nombre d'Almugavares avec ce qu'il leur plaisait d'appeler leur famille, des truandes de toutes les races d'Occident ou d'Orient, avec les enfants qu'elles avaient mis au monde entre deux assauts ou deux pillages.

Il serait fastidieux de narrer en détail tous ces obscurs faits d'armes sur le compte desquels le prolixe Pachymère s'étend avec amour : hauts

(1) Muntaner dit que ce château dont je n'ai pu retrouver l'emplacement était situé à mi-chemin de Gallipoli et d'Ænos.

faits et disgrâces de l'amiral génois André Murisco au service du basileus; combats malheureux livrés par lui à une flotte accourue de Sicile au secours des Catalans sous les ordres d'un capitaine nommé Philippe; occupation par la Compagnie des défilés du mont Ganos; courses dévastatrices des Almugavares depuis Kallion jusqu'à Tzurulon, qu'on ne parvint toutefois pas à prendre, à cause de la résistance désespérée des habitants, jusqu'à Evdimoplatanos et Bizya, jusqu'à Héraclée qu'on trouva ruinée et vide de ses malheureux habitants réfugiés à Selymvria, jusqu'à Rodosto qui avait été réoccupée par les impériaux. Toute cette vaste étendue de pays était maintenant presque déserte. Plus de cinq mille habitants de la campagne avaient été massacrés. Le reste s'était réfugié dans Constantinople, amenant dans la capitale un nombre si prodigieux de bestiaux qu'on ne parvenait pas à nourrir ceux-ci et qu'il fallait chaque jour en tuer quelques-uns pour en diminuer le nombre. Les blés coupés couvraient la terre, personne n'étant plus là pour les récolter. Pour qu'ils ne tombassent point aux mains des Catalans, le basileus avait donné ordre d'y mettre le feu par tout le pays jusqu'à Selymvria. Une des impératrices, on l'a vu, voulant retourner de Salonique à Constantinople, avait été forcée de rétrograder après quelques journées de marche, tant les routes étaient périlleuses.

Pachymère nous trace tableau après tableau de cette atroce désolation. Les nouvelles d'Asie étaient peut-être pires encore. Plus personne ne faisait obstacle aux Turks, dont les progrès étaient journaliers. Éphèse, Tyrraium étaient retombées aux mains de l'émir Sâsan, « qui avait enlevé les immenses richesses du trésor de l'église fameuse consacrée au disciple bien-aimé du Sauveur ». Les habitants de ces malheureuses cités avaient été massacrés ou déportés en masse.

Contre tant d'ennemis conjurés le basileus implorait le secours du khan des Tartares, des Génois, des princes d'Ibérie ou de Géorgie. Même au sein de la cour les Catalans avaient des amis qui trahissaient le vieil empereur en leur faveur. Celui-ci continuait à envoyer à la Compagnie ambassades sur ambassades pour implorer un arrangement, ambassades auxquelles les Catalans ne répondaient que par l'éternel exposé de leurs griefs et de leurs revendications prodigieuses.

Les Génois, dont le commerce souffrait par trop de cet état de piraterie incessante et sans merci, finirent, malgré les supplications d'Andronic, par faire leur paix particulière avec la Compagnie. Pour complaire au basileus, ils s'engagèrent toutefois par les pires serments à ne jamais rien tenter de concert avec les Espagnols contre la sécurité de l'empire.

Telle était la renommée de ces incomparables *condottieri* que le prince bulgare Sphentitslav fit offrir à Rocafort son alliance contre le basileus avec la main de sa propre sœur, veuve de Tzakas, récemment tué. Pachymère ne dit pas si Rocafort accepta cette union barbare.

J'ai raconté déjà l'occupation des défilés du mont Ganos par les Turkopoules et leur attaque du château de Saint-Élie. Rocafort s'en alla à nouveau assiéger Rodosto avec une machine qui lançait des pierres de cinq cents livres. Les trois cents hommes composant la garnison opposèrent une résistance désespérée. Le chef espagnol, furieux d'avoir perdu beaucoup de monde, jura de faire passer tous les défenseurs au fil de l'épée. Ceux-ci, enfin à bout, demandèrent grâce, et l'évêque grec de Panidon, qui se trouvait parmi eux, à force de supplications, obtint pour ces malheureux la vie sauve. Rocafort se contenta de les dépouiller de tout, leur laissant la liberté de demeurer dans leur cité dévastée ou de s'en aller. Puis il continua ses courses, escorté, dit-on, — c'est Pachymère qui parle, — par ce même prélat qui, rallié à la cause du chef espagnol, exhortait les populations à reconnaître l'autorité de celui-ci. Pour ce motif le pauvre évêque fut cité devant le tribunal du patriarche à Constantinople. Terrifié par cette nouvelle, il s'évada du camp de Rocafort et courut dans la capitale pour tenter de s'y justifier.

Rocafort vainqueur, bannières au vent, trompettes au champ, marcha alors, lui aussi, sur
Constantinople. Il s'avança presque en vue des
murailles de la grande ville. C'était, dit Pachymère, un douloureux spectacle que de voir les
habitants de la banlieue, même ceux de Péra,
s'engouffrer en foule dans la grande ville, épouvantés par le seul nom de ces quelques bandits. On voyait ces malheureux se pressant aux
portes avec leurs bestiaux, couchés par bandes
sur le pavé des rues ou aux portes des églises.
Tout Constantinople tremblait. Le patriarche
et son clergé en grand habit récitaient les
saintes litanies. Les prêtres, les longues files
de moines en cagoule parcouraient procession-
nellement pieds nus la cité, implorant le pardon
de Dieu pour les horribles péchés de tous qui
amenaient tant de maux. Le basileus lui-même,
ne sachant plus qu'imaginer, passait ses jours
et ses nuits en oraisons, remettant ses intérêts
entre les mains de Dieu, gémissant sur tant de
sang innocent injustement répandu. « La grandeur des maux que nous souffrions, s'écrie le

patriote et dévot Pachymère, répondait à l'énormité de nos crimes, et les autres dont nous étions préservés répondaient aux mérites des prières des personnes saintes. Les marques de la colère de Dieu n'étaient que trop visibles, mais il n'y avait rien de si obscur que de connaître par qui elles avaient été excitées, parce que chacun s'en excusait et en accusait les autres! »

N'ayant aucune force importante à opposer à cette pointe hardie de Rocafort, l'empereur ordonna au grand hétériarque Nostongos Dukas de l'inquiéter sur ses flancs par d'incessantes escarmouches. Contre toute attente, cette tactique réussit. Quelques petits succès des troupes impériales relevèrent les courages de la garnison de Tzurulon. Soldats et habitants allèrent attaquer Rodosto, qui fut réoccupée. La garnison catalane fut en partie massacrée, en partie emmenée prisonnière avec un grand butin. La nouvelle de cet échec arrêta brusquement la démonstration de Rocafort. Prudemment il s'en retourna, remettant à une autre fois d'attaquer la capitale.

Le sort des malheureux habitants du thème de Thrace n'en devint pas meilleur pour cela. Les émissaires de l'empereur les détournaient même de semer leur terre. Puisque l'ennemi seul devait faire la récolte, pourquoi fournirait-on d'avance à ses besoins? D'autre part, les Catalans continuaient à attaquer une foule d'autres cités. Bizya, défendue d'abord victorieusement par le grand tchaouch impérial Humbertopoulos et deux cents cavaliers, vit arriver sous ses murs les bandes de Ximénès de Arenos avec un fort parti de Turkopoules. Effrayé par le nombre croissant de l'ennemi, le chef byzantin n'osait plus exposer ses troupes, mais la population surexcitée le força à attaquer. Le malheureux, descendu dans la plaine, tomba dans une embuscade de Turkopoules qui le mirent en déroute et lui tuèrent beaucoup de monde. Pour gagner du temps, durant qu'il faisait avertir le basileus de sa position critique, il couvrit les remparts de femmes habillées en hommes, et cette feinte grossière parvint contre toute attente à en imposer aux Catalans. Ceux-ci ramenèrent cependant de cette expédition une quantité incroyable de grain amoncelée sur des centaines de chariots.

On s'apprêta ensuite à marcher tous ensemble sur Tzurulon, pour punir les habitants d'avoir massacré la garnison de Rodosto ; mais les Turkopoules refusèrent le service tant qu'on n'aurait pas relâché Takontziarès — c'était juste après le meurtre d'Ishak Melek. — On leur obéit et on investit Tzurulon, mais cette ville bien défendue résista vigoureusement. Alors, toujours suivant Pachymère, Takontziarès et ses Turkopoules se retirèrent à Apros, dont le gouverneur impérial Tzarapès leur ouvrit les portes. Ils cherchèrent à s'emparer des vaisseaux des Catalans pour passer en Asie, mais ceux-ci les repoussèrent, à la grande joie des Grecs, qui se réjouissaient de ces discordes. Cette joie fut encore augmentée par l'espoir qu'on eut de nouveau un moment à Byzance de voir Ximénès de Arenos faire défection et se détacher de la Compagnie. Mais au dernier moment Roca-

fort réussit à empêcher ce projet criminel.
Ximénès n'en demeura pas moins en relations
cordiales avec le basileus. Un chef catalan
déserta et passa au service des Grecs avec
cinquante Almugavares (1).

(1) Même à ce moment un certain nombre d'Almugavares
étaient demeurés au service de l'empire. Pachymère raconte la
trahison de quelques-uns d'entre eux qui étaient en garnison à
Lopadion en Asie et qui, envoyés pour combattre les Turks, livrèrent à ceux-ci la place forte de Kouboukleia.

CHAPITRE VI

Deux ans donc, de l'an 1305 à l'an 1307,
cette prodigieuse machine de guerre, cette
extraordinaire nation de soldats vécut sur les
côtes du thème de Thrace.

On avait, je l'ai raconté, fini par faire la paix
avec Gênes. Des Grecs on ne savait plus grand'-
chose, sauf les ténébreuses machinations par

lesquelles, du fond de son palais des Blachernes, le vieil empereur, impuissant à vaincre les terribles aventuriers, cherchait à brouiller capitaine contre capitaine, Almugavares contre Turkopoules. On n'en venait plus que rarement aux mains dans d'obscurs combats. Michel, désespéré de son impuissance et de la lâcheté de ses soldats, demeurait toujours enfermé dans Didymotichon, où il faisait soigner ses blessures. Le grand hétériarque Nostongos Ducas, avec quelques troupes légères, débris de l'ancienne armée, escarmouchait parfois contre les avant-postes espagnols. Rocafort réussit enfin à reprendre Tzurulon après un siège aussi long que difficile.

Cette existence étrange, sans précédents, de ces quelques milliers d'aventuriers à des centaines de lieues de leur patrie, devait cependant avoir un terme. Dix mille *condottieri* ne saccagent point impunément durant des années toute une province. Au milieu des immenses richesses accumulées à Gallipoli, la Compagnie allait bientôt souffrir de la famine!

« Les Catalans, dit Pachymère, étant pressés par la faim, et ils n'avaient garde qu'ils n'en fussent pressés, puisqu'ils ne prenaient aucun soin ni de semer, ni de récolter, et étant d'ailleurs extrêmement incommodés par la puanteur insupportable d'une quantité prodigieuse de corps morts abandonnés sans sépulture, quittèrent Rodosto, Panidon et les environs du mont Ganos, et vinrent à Gallipoli, où ayant laissé une suffisante garnison, ils se répandirent avec impétuosité autour d'Ænos et de Mégarix. La disette les obligea en cet endroit d'en venir aux mains avec ceux du pays. Le bruit était qu'ils avaient dessein de traverser le fleuve Maritza, et que parce qu'il est fort profond à son embouchure, ils remontèrent vers sa source où il est guéable. Leur arrivée jeta la consternation dans le pays et dissipa les habitants, qui se retirèrent dans leurs lieux de sûreté, laissant leurs maisons et leurs terres au pillage. »

L'historien grec expose en ces termes saisissants les raisons qui forcèrent la Compagnie à se déplacer après ce si long et si brutal séjour. Il fallait à tout prix trouver de nouvelles populations à exploiter, de nouvelles terres à dévaliser, à épuiser.

C'était dans l'automne de l'an 1307. A ce moment même on vit débarquer à Gallipoli un nouvel arrivant d'illustre naissance, le seigneur infant Fernand ou Ferrand de Majorque, le plus jeune fils du seigneur roi de Majorque, don Jayme, le neveu par conséquent du roi don Fadrique de Sicile, personnage aventureux, le même qui, tout jeune encore, devait périr dans les campagnes du Péloponèse en disputant la couronne princière d'Achaïe à un autre jeune homme d'illustre naissance, dont la mort devait être aussi malheureuse, Louis de Bourbon. Pour lors l'infant Fernand arrivait, au nom de son oncle le roi de Sicile, envoyé par ce prince pour prendre le commandement suprême de la Compagnie.

On a vu que les Almugavares n'avaient, depuis leur départ de Sicile, jamais cessé d'affirmer leur fidélité au roi Frédéric et de considérer celui-ci comme leur souverain légitime. Officiellement c'était en son nom qu'ils combattaient les Grecs pour l'augmentation de sa puissance et comme chargés par lui de combattre l'hérésie byzantine pour la plus grande gloire de l'Église, affirmation, du reste, assez difficile à soutenir. C'était sous les bannières de Sicile et d'Aragon qu'ils marchaient au combat. C'étaient elles qu'ils dressaient aux créneaux des villes conquises. Le bruit des merveilleux exploits de la Compagnie avait eu d'autant plus de retentissement en Occident qu'à cette époque, on le sait, les yeux de tous les princes de la chrétienté étaient tournés vers ce chancelant trône impérial d'Orient dont plus d'un convoitait les dépouilles.

De son côté, Fadrique de Sicile, on a pu le voir tout du long de ce récit, n'avait à aucun moment perdu de vue l'expédition des Almugavares. Il s'était constamment tenu en communications amicales avec eux, accueillant gracieusement leurs ambassades, leur expédiant de nombreux secours en hommes, en argent,

en matériel, acceptant avec joie cette suzeraineté lointaine que leur loyalisme exalté s'atta-
chait à honorer, à acclamer en sa personne.
Lorsqu'il eut été bien mis au courant de leurs
étonnants succès, de leur position si forte,
presque inexpugnable, au centre de l'empire, à
l'embouchure des détroits qu'ils tenaient, aux
portes mêmes de Constantinople qu'ils pouvaient à leur gré affamer, il comprit vite de
quelle importance capitale pouvait être entre
ses mains pour son profit personnel, dans ses
luttes contre ses éternels rivaux les Angevins
de Naples, dont la pensée unique, la pensée
maîtresse, était maintenant de conquérir Constantinople, de quelle importance, dis-je, pouvait être pour lui cette force si considérable,
quasi invincible, implantée comme un coin
en plein cœur de l'empire d'Orient. Alors il
estima que pour ne pas perdre son influence
sur ces magnifiques routiers dont la discipline
menaçait de se relâcher après tant de mois de
parfaite licence, il lui fallait se faire reconnaître
solennellement une fois de plus par eux, surtout

concentrer à nouveau le commandement suprême de cette expédition unique en son genre, aujourd'hui tellement détournée de son but premier, en la main d'un seul capitaine qui lui fût dévoué corps et âme. Depuis la mort de Roger de Flor, personne ne lui avait paru plus apte à remplir cet emploi de premier rang que l'infant Fernand, son neveu bien-aimé, prince audacieux et brave, séduisant à l'excès, jouissant déjà malgré son jeune âge d'une véritable popularité parmi la noblesse d'Aragon et de Sicile.

Par une convention signée à Milazzo, près Messine, le 10 mars 1307 (1), l'Infant s'était engagé à prendre au nom du roi Frédéric III de Sicile le commandement de la Compagnie, à ne conclure ni paix ni trêve, à ne point lui-même contracter mariage sans le consentement de son souverain, à ne prendre possession d'aucune ville, d'aucun château ou place de guerre,

(1) Voyez le texte même de cette convention curieuse dans Buchon, *Chron. étr.*, p. 457. note 1. Le départ de l'Infant avait été par suite de diverses circonstances retardé de quelques mois.

sinon au seul nom de ce prince. De son côté, don Fadrique promettait à l'Infant son puissant appui pour que la Compagnie acceptât son autorité.

Fernand, avec quatre galères (1), débarqua à Gallipoli. Il était porteur de lettres secrètes du roi de Sicile pour Rocafort et Muntaner, d'une missive royale pour les quatre chefs dont était Muntaner, missive leur ordonnant de recevoir l'Infant « pour chef et seigneur comme si c'était le roi lui-même » ; d'une proclamation enfin au corps entier de la Compagnie. Le loyal Muntaner était dévoué corps et âme à la maison royale de Sicile. Il raconte avec une émotion touchante l'accueil empressé qu'il fit au fils de ses rois, et comment l'Infant dont il allait devenir le fidèle serviteur jusqu'au plus complet sacrifice fut proclamé et reconnu par ses soins chef supérieur de la Compagnie « au nom dudit seigneur roi de Sicile ». L'honnête soldat livra à son prince son « hôtel » en entier avec tout ce

(1) Pachymère dit « sept gros vaisseaux ».

qu'il contenait. « Et j'achetai pour lui cinquante chevaux et des attelages autant qu'il en eut besoin, et des mules et mulets pour chevaucher selon ses besoins, et tout ce qui était nécessaire pour se mettre en route ; je le lui donnai, ainsi que tous autres harnais indispensables en voyage à un tel seigneur. J'envoyai de suite deux hommes à cheval à Bérenger d'Entença qui faisait le siège de Mégarix, à trente milles de Gallipoli, et deux autres à Rocafort, à la cité d'Ænos qu'il tenait aussi assiégée, et qui était située à soixante milles de Gallipoli, et deux autres à Fernand Ximénès, qui était à son château de Madytos, à vingt-quatre milles de Gallipoli. »

Entença et Ximénès, accourus aussitôt, reconnurent avec tous les leurs le seigneur infant « pour chef et pour seigneur au nom du seigneur roi de Sicile ». Et ce fut une grande joie dans le camp des aventuriers d'avoir un chef aussi célèbre, qui devait mettre un terme aux dissensions naissantes. « Ils regardèrent leur cause comme gagnée, puisque Dieu leur

avait envoyé ledit seigneur infant qui était de
la droite lignée d'Aragon, étant fils du seigneur roi de Majorque et de sa personne l'un
des quatre chevaliers du monde les meilleurs,
les plus expérimentés et les plus disposés
à maintenir droite justice, et pour maintes
raisons un tel seigneur nous arrivait fort à
propos. »

L'Infant et le bon Muntaner avaient compté
sans Rocafort! Cet ambitieux, de race plé-
béienne, brouillé depuis longtemps avec Entença et Ximénès, qui étaient, eux, d'origine
noble, apprenant que l'Infant avait fait grand
accueil à ceux-ci, comprit que son influence de
généralissime jusque-là prépondérante sur les
Almugavares et bien plus encore sur les Turks,
qui ne reconnaissaient d'autre seigneur que
lui, allait éprouver un irrémédiable échec. Il
résolut de parer de suite à ce grave péril. Son
influence était immense. Il n'eut pas de peine
à obtenir que l'Infant, accompagné de Muntaner et de presque toute la Compagnie, vînt le
trouver au siège d'Ænos, dont il affirmait ne

pouvoir s'éloigner un seul jour. Il serait oiseux d'insister sur les ténébreuses machinations, les sourdes cabales racontées par Muntaner, au moyen desquelles cet homme retors s'efforça, avec une habileté consommée, devant les divers conseils de la Compagnie assemblés par son ordre, de faire échec à l'autorité du nouvel arrivant, et mit très secrètement tout en œuvre pour lui rendre la situation intolérable, tout en affectant de le combler d'égards et de marques extérieures de respect. Pour l'heure, il invoqua mille échappatoires, mille subtilités, prétendant que, né Espagnol, il n'avait pas à reconnaître l'autorité du roi de Sicile, consentant bien à accepter en tout et pour tout l'Infant, petit-fils du seigneur naturel de la Compagnie le roi Pierre d'Aragon, comme chef suprême de ladite Compagnie, mais non point du tout en qualité d'*alter ego* de ce roi don Fabrique « qui avait jeté la Compagnie hors de Sicile avec un quintal de pain par homme ». « Il ne parlait ainsi, dit Muntaner, que parce qu'il était seul dans toute la Compagnie à con-

naître dans tous ses détails la convention secrète, si formelle, signée entre don Fabrique et
l'Infant. Il pensait bien que ce seigneur, étant
issu de si haut lignage et étant si loyal et si
franc de cœur, ne voudrait pour rien au monde
manquer à l'accord qu'il avait fait avec le roi
de Sicile. Ces pourparlers durèrent bien quinze
jours sans amener de solution. Je ne crois
pas, dit Muntaner, que jamais il y ait eu personne qui prît aussi secrètement une résolution que le fit Rocafort et qui sût mieux cacher
son vrai jeu. »

Ce fut dans cette situation si embarrassante
et si mal définie, sur les instances trompeuses
de Rocafort en personne, qui, dans le but de
rendre la position de l'Infant plus inextrica-
ble, affectait à son endroit le plus profond
dévouement et semblait n'en vouloir qu'au roi
de Sicile, que le jeune prince se décida cependant à demeurer auprès de la Compagnie et à
l'accompagner au moins jusqu'à Salonique
dans le nouveau voyage qu'elle allait entre-
prendre. Fernand se plaisait à espérer que ses

qualités personnelles, jointes à la sympathie qu'il inspirait déjà, réussiraient à lui conserver, à améliorer même petit à petit sa situation si délicate entre les visées ambitieuses si habilement dissimulées du tout-puissant Rocafort et les intérêts personnels des autres grands chefs de la Compagnie. « Rocafort, poursuit Muntaner, et tous ses partisans lui dirent que jusqu'à l'arrivée à Salonique ils le regarderaient comme leur seigneur, et que, pendant ce laps de temps, il pourrait prendre ses arrangements, qu'eux pourraient en faire autant, et que, sous le bon plaisir de Dieu, il ramènerait entre eux tous la concorde. Et alors on lui fit part de la désunion qui existait entre Rocafort, Bérenger d'Entença et Fernand Ximénès, et on le pria de bien vouloir y prêter remède, et il répondit qu'il le ferait avec plaisir. »

La Compagnie, je l'ai dit, était, à ce moment, à la veille de se remettre enfin en marche après ce si long séjour à Gallipoli. C'est qu'elle en était arrivée à un point tour-

nant de sa brillante et rapide carrière. Malgré
que les places d'Ænos et de Mégarix fussent
enfin tombées, la première aux mains de Rocafort, la seconde en celles d'Entença, on com-
mençait tout simplement à mourir de faim à
Gallipoli et dans les autres cantonnements des
rives de la Propontide. Les Catalans, depuis
tantôt trois années, avaient si bien vécu « à
bouche que veux-tu », si bien complètement
exploité et ravagé la plaine de Thrace; ils
avaient si bien fait le vide autour d'eux à dix
journées à la ronde en y détruisant tout être
vivant, toute culture aussi, qu'il n'y avait plus
aucun moyen pour cette foule d'hommes armés et leurs familles de subsister dans cette
région. Par mer on ne recevait plus de vivres
non plus, l'état de guerre incessant ayant jeté
l'effroi dans l'âme des navigateurs. A tout prix
il fallait quitter ces lieux désolés, ces campagnes en friche, ces villes, ces villages incendiés, vides de leurs habitants, ces rivages
empuantis par la pestilence de tant de cadavres
d'hommes et d'animaux demeurés sans sépul-

ture (1). L'avis formel des grands chefs, aussi bien de Rocafort que des autres, était unanime sur ce point. Bref, le départ immédiat fut décidé pour des contrées non épuisées, et l'infant Fernand accompagna la Compagnie.

Ce nouvel exode de cette république militaire en marche était, du reste, tout tracé. Le nord n'offrait que la barbarie et l'accueil peu attrayant du féroce peuple des Bulgares. A l'est de Gallipoli tout était ruiné, anéanti, brûlé jusqu'aux murailles de Constantinople, cette proie trop considérable à laquelle les Almugavares, malgré leur audace sans égale, n'auraient cependant osé sérieusement prétendre. Au sud, c'était la mer, c'était l'Asie livrée complètement à l'invasion turque, désolée par la plus effroyable famine. Restait l'ouest avec ces vastes provinces fertiles, populeuses, non encore dévastées, qui s'appelaient la Macédoine, la Thessalie, l'Épire; plus au sud enfin la Grèce conti-

____

(1) Les écrivains grecs insistent beaucoup sur ce hideux détail.

nentale, la péninsule de Morée, occupé par les seigneurs francs issus de la quatrième Croisade ; enfin le territoire alors renommé du riche duché franc d'Athènes ! Toutes ces terres si étendues, très cultivées, peuplées de villes et de bourgs en nombre immense, offraient à l'insatiable cupidité des aventuriers le plus riche champ d'exploitation.

Les dissensions des grands chefs, leurs compétitions furieuses, surtout l'ambition de Rocafort et l'arrivée inopinée de l'Infant avaient si bien brouillé entre elles les diverses bandes composant la Compagnie, qu'elles n'osaient littéralement se rapprocher les unes des autres pour le départ, de crainte que des rixes sanglantes n'éclatassent aussitôt. L'excellent infant s'interposa courageusement, parlant à chacun en particulier. Il fut convenu qu'on marcherait par corps isolés dès le départ, que jamais il n'y aurait contact entre les groupes successifs. Muntaner, avec trente-six voiles dont les quatre galères de l'infant Fernand, vingt « lins » armés, plus des barques également armées, même des barques de rivière, sortit de la « Bouche d'Avie » et prit la voie de mer le long de la côte de Thrace. Il emmenait avec lui tous les hommes de mer, les femmes, les enfants, les approvisionnements, le butin très précieux. Il devait rejoindre à Christopolis, première ville du royaume de Salonique, l'armée qui suivait la route de terre.

Avant leur départ, les Catalans voulurent laisser aux Grecs un adieu digne d'eux. Les châteaux de Gallipoli, de Madytos, toutes les villes et les forteresses qu'ils avaient si long-temps occupées, furent incendiés le même soir, et ces feux immenses éclairèrent de leurs lueurs sinistres les eaux de Marmara. Les fortifications furent renversées. Tout ce qu'on ne put emporter fut brûlé impitoyablement.

Christopolis, la Neopolis ou Neapolis antique, la Kavala d'aujourd'hui, avait été provisoirement choisie par la Compagnie pour être le terme premier de ce nouveau déplacement. Cette ville, dit Lebeau, située presque en face de la grande île de Thasos, sur la limite même des thèmes de Thrace et de Macédoine, à l'entrée de cette dernière contrée, ouvrait aux Catalans un libre passage pour se porter à volonté et suivant les conjonctures d'une des provinces dans l'autre. De même elle les mettait à portée de recevoir par mer, du côté de l'occident, des secours sans qu'on pût s'y opposer comme on pouvait le faire si aisément à Gallipoli, où toutes communications se trouvaient interceptées pour peu que l'ennemi croisât avec quelques vaisseaux à l'entrée du détroit.

Quittant enfin ces lieux rendus fameux par tant d'exploits, par tant d'atrocités aussi, la Compagnie se mit en marche. C'était vers la fin de l'an 1307. Par mesure de prudence, pour éviter toute chance de conflits entre ces éléments exaspérés les uns contre les autres par des frottements trop prolongés, Rocafort prit les devants avec ses fidèles Almugavares et ses non moins fidèles Turkopoules, et marcha à une journée de marche en avant des corps d'Entença et de Ximénès, qui suivaient avec l'Infant. Tous devaient conserver constamment le même éloignement et se suivre chaque soir dans les mêmes cantonnements, à vingt-quatre heures de distance. Grâce à ces infinies précautions, la première partie de cette nouvelle odyssée se fit paisiblement à travers une belle contrée, malgré les immenses *impedimenta* qu'on traînait après soi, malgré surtout la foule des bouches inutiles. Aucune force byzantine ne fut signalée. On franchit sans encombre la Maritza, l'antique fleuve Hébros. Mais avant d'avoir atteint le Nestos, aujourd'hui nommé Kara-sou, à deux journées de marche de Christopolis, « le diable, qui ne fait jamais que du mal », selon l'expression de Muntaner, arrangea tellement les choses que l'ost de don Bérenger et de l'Infant se leva de fort grand matin à cause de l'extrême chaleur qu'il faisait. Et précisément ce jour-là les gens de Rocafort ne s'étaient levés qu'au grand jour. Trouvant leur gîte parfait, ils avaient retardé le plus possible leur départ, car ils avaient passé la nuit dans une plaine toute parsemée de jar-

dins dans lesquels abondaient tous les excellents fruits qui mûrissent à cette saison de l'année, plaine arrosée de belles eaux et aussi
fort bien fournie de bon vins, qu'ils allaient
chercher dans toutes les maisons. Bref, l'avant-
garde de l'ost du seigneur infant atteignit
l'arrière-garde de l'ost de Rocafort. Les esprits
étaient trop violemment excités. Une collision
était inévitable. Elle éclata furieuse, inouïe,
dès la première heure, avant même que les
chefs eussent pu s'interposer. D'abord de peu
d'importance, elle se généralisa aussitôt. « Et
dès que ceux de Rocafort aperçurent l'avant-
garde du seigneur infant, une voix du diable
s'éleva parmi eux qui cria : « Aux armes! aux
armes! Voici la compagnie de Bérenger d'Entença et de Fernand Ximénès qui vient pour
nous tuer. » Ce cri passa de file en file jusqu'à
l'avant-garde. Rocafort fit barder les chevaux,
et tous se tinrent appareillés, Turks et Turkopoules. Que vous dirai-je? le bruit en vint au
seigneur infant, à Bérenger d'Entença et à
Fernand Ximénès. Aussitôt Bérenger d'En-

tença sauta sur son cheval, vêtu de sa robe et sans aucune armure qu'une épée à la ceinture et un épieu de chasse en main, et ne pensant qu'à contenir et corriger les siens et à les faire revenir en arrière. Et il allait les contenant comme il pouvait, car il ignorait la cause de ce tumulte; et il les contenait en riche homme expérimenté et en chevalier. Et voilà qu'arrive sur un cheval bardé de tout point Gilbert de Rocafort, frère plus jeune de Bérenger de Rocafort, puis Dalmas de Saint-Martin, leur oncle, aussi sur son cheval tout bardé; et de front ils s'avancent sur Bérenger d'Entença qui était à contenir ses gens, et eux croyaient qu'il les excitât. Et tous deux de front arrivent sur lui; et Bérenger d'Entença s'écrie : « Qu'est-ce que cela? » Et tous les deux le frappent à la fois et, le trouvant désarmé, lui passent leur lance de part en part au travers du corps, et si bien qu'ils le tuèrent. Et ce fut grand dommage et grand malheur qu'ils le tuassent ainsi au moment où il faisait bien. Et dès qu'ils l'eurent tué, ils allèrent à la recherche des autres et particulièrement de Fernand Ximénès.

« Fernand Ximénès, en brave et expérimenté chevalier, était aussi sorti à ce bruit tout dépouillé d'armures, et il était monté à cheval, et il s'en allait cherchant à les contenir. Mais lorsqu'il vit que les gens de Rocafort avaient tué Bérenger d'Entença, sachant aussi qu'avec eux se trouvaient les Turks et Turkopoules qui faisaient tout ce qu'on leur commandait, et qu'il vit qu'on tuait tout, il se réfugia avec trente hommes à cheval en un château qui appartenait à l'empereur. Voyez à quel péril il s'exposait en allant, ainsi forcé, se mettre au pouvoir de ses ennemis! Ceux-ci, qui étaient témoins de cette rixe, le reçurent volontiers. Que vous dirai-je? ils allèrent ainsi férant et tuant, jusqu'au lieu où se trouvaient la bannière du seigneur infant et sa compagnie. Et le seigneur infant s'en vint tout armé sur son cheval et la masse d'armes en main, et s'en alla cherchant aussi à les contenir comme il pouvait. Et dès que Rocafort et sa compagnie le virent, ils se rangèrent autour de lui, afin que nul ne pût lui faire aucun mal, ni Turks, ni Turkopoules.

« Que vous dirai-je? Du moment où le seigneur infant fut avec eux, le conflit s'arrêta; mais il eut beau s'arrêter, il n'y en avait pas moins cette journée bon nombre des nôtres de tués, c'est-à-dire de la compagnie de Bérenger d'Entença et de Fernand Ximénès, plus de cent cinquante hommes de cheval et cinq cents de pied (1). Voyez si ce ne fut pas belle

(1) Le bruit de la querelle entre leurs oppresseurs et la nouvelle de la mort de Bérenger parvinrent promptement aux Grecs. Nicéphore Grégoras en dit deux mots dans la citation que j'ai déjà faite. Pachymère termine le dernier chapitre (liv. VII, chap. XXXVI) de son ouvrage en rapportant succinctement ces bruits : « Les Catalans ont traversé le fleuve Maritza, à dessein, comme l'on croit, de s'en retourner en leur pays, ou, comme ils disent, de s'emparer du mont Athos. Ce qui est constant est que Rocafort est parti d'Ænos avec les Turks, et que Bérenger est aussi parti avec Ximénès et Guy, et qu'ils se sont rendus à Kassandreia en fort mauvaise intelligence. Rocafort, aimant mieux en venir à une guerre ouverte que d'user de ruse contre ses ennemis, ou de se mettre en danger d'être opprimé par leur perfidie, donna bataille, tua Bérenger et prit Ximénès. Ce dernier, ayant été mis en liberté, courut quelque temps comme un vagabond et se sauva proche de Xanthia. Les soldats qui s'étaient échappés de la défaite se rangèrent sous les enseignes de Rocafort, qui mena ses troupes vers la Thessalie; l'avènement en sera tel qu'il plaira à Dieu. Je souhaite qu'il lui plaise de favoriser les

œuvre du diable! Car si ce pays eût été peuplé de gens qui vinssent en bataille à ce moment contre eux, ils auraient tué et ceux-là et ceux même qui restaient.

« Lorsque le seigneur infant fut arrivé au lieu où Bérenger d'Entença gisait mort, il descendit de cheval, commença à faire grand deuil et le baisa à plus de dix reprises; tous ceux de l'armée en firent autant. Rocafort lui-même s'en montra très affligé et versa des larmes, ainsi que son frère et son oncle, qui l'avaient tué. Et lorsque le seigneur infant les accusa de ce meurtre, ils s'excusèrent en disant qu'ils ne l'avaient point reconnu. Ils eurent grand tort, et ce fut un grand péché que le meurtre de ce riche homme et celui de tous les autres. Le seigneur infant fit séjourner l'ost en ce lieu pendant trois jours; et le corps dudit Bérenger d'Entença fut enseveli dans l'église d'un ermitage de Saint-Nicolas qui se trouvait en ce

bonnes intentions de l'empereur et de ne pas tromper ses espérances. » (Ainsi termine Pachymère sa chronique avec la 49ᵉ année de l'empereur Andronic, c'est-à-dire en l'an 1308.)

lieu. On lui fit chanter des messes, et il fut placé dans un beau monument auprès de l'autel. Dieu veuille avoir son âme! car ce fut un vrai martyr, puisque pour empêcher que mal ne se fît, il reçut la mort.

« Tout ceci terminé, l'Infant apprit que Fernand Ximénès était en ce château avec ceux qui l'avaient suivi, et qu'après lui, environ soixante-dix autres s'y étaient rendus, de telle sorte qu'il y avait bien certainement dans ce château cent vaillants hommes d'armes de l'ost. L'Infant lui envoya dire de revenir auprès de lui; mais Fernand Ximénès lui fit dire qu'il le priait de l'excuser et qu'il n'était pas en son pouvoir de le faire; car une fois qu'il avait pris refuge dans le château, son devoir était de paraître devant l'empereur avec toute sa compagnie; et le seigneur infant le tint pour excusé, lui et tous ceux qui étaient avec lui. A ce moment les quatre galères du seigneur infant, dont étaient capitaines Dalmas Serran, chevalier, et Jacques Des-Palau, de Barcelone, arrivaient au lieu même où se trouvait l'ost. Le seigneur infant

me les avait envoyées, avec ordre de m'accompagner; mais elles ne voulurent pas se hasarder
à pénétrer dans la Bouche d'Avie, par crainte
des galères des Génois; et ainsi, sans moi,
elles se rendirent au lieu où elles savaient que
se trouvait l'ost. »

« Ainsi, dit Moncada en son style héroïque,
périt Bérenger d'Entença, illustre par son sang,
célèbre par ses exploits, et, pour ces deux raisons, estimé de ses princes naturels et en honneur chez les souverains étrangers. Guerrier
dès sa plus tendre jeunesse, il servit ses rois
d'abord en Catalogne, puis en Sicile, avec une
distinction qui lui valut des amis et des richesses
capables d'agrandir le cercle de ses espérances
et de lui ouvrir le chemin vers une fortune égale
aux brillantes qualités dont il était revêtu.
Quoiqu'il eût dans sa patrie une grande existence, les limites étroites de la baronnie que
nous appelons aujourd'hui d'Entença ne pouvaient cependant suffire à la noble ambition
d'une âme entreprenante et aussi généreuse
que hardie. Bérenger d'Entença fut intrépide

dans le danger, dur dans les fatigues, inébranlable dans ses résolutions. Aussi malheureux
que brave, ses revers ne le rendirent pas moins
célèbre que ses triomphes. Arraché par une
horrible trahison à un enchaînement de succès
pour ainsi dire inconcevable, jeté tout à coup
dans une longue et pénible captivité, à peine
il fut rendu à ses compagnons et aux nouvelles
faveurs de la fortune qu'il se vit traîtreusement
mis à mort au milieu de ses amis et de ses plus
belles espérances. C'est ainsi que tant de
malheurs s'unirent à tant de gloire pour terminer par un coup déplorable la vie sans tache de
ce loyal et vaillant chevalier. »

Fernand Ximénès de Arenos, ivre de fureur,
ne reparut plus au camp de la Compagnie, malgré les instances de l'Infant. Accueilli ainsi
que tout son monde avec les plus grands honneurs par l'empereur, qui voyait avec ravissement éclater ces terribles discordes entre les oppresseurs de l'empire, il vint à Constantinople,
et ce même Paléologue dont il avait mis à feu
et à sang les plus riches provinces, qu'il avait à

plusieurs reprises indignement trompé, le créa mégaduc en place d'Entença, et lui donna en mariage une princesse de la famille impériale, Théodora, qui était veuve. Cette nouvelle union extraordinaire d'un aventurier avec une fille de sang impérial fut consacrée par le patriarche Athanase. C'était le troisième mégaduc que le basileus créait au sein de la Compagnie. De tous les grands capitaines de cette expédition fameuse, Fernand Ximénès de Arenos se trouva le mieux partagé, le seul qui, dans la suite, resta en dignité et dont la vie échappa à une fin malheureuse.

Ce drame s'était passé vers la fin de l'an 1307. L'armée catalane, ainsi cruellement décimée, privée à toujours de tant de bons compagnons et de deux de ses grands chefs qui, depuis les débuts déjà lointains de cette expédition, l'avaient constamment menée à la victoire, s'apprêta tristement à reprendre le chemin de Christopolis. Rocafort demeurait le maître de la situation. La position du loyal infant de

Majorque était devenue subitement impossible.
Il n'hésita pas un instant dans la voie du strict
devoir. « Quand le seigneur infant vit arriver
ses galères, dit Muntaner, il en éprouva grande
joie. Il fit assembler le grand conseil et leur
demanda à quoi ils s'étaient accordés, à savoir
s'ils voulaient le recevoir comme seigneur au
nom du seigneur roi de Sicile, parce que dans
ce cas il demeurerait parmi eux, mais que dans
le cas contraire il ne resterait point. Rocafort, qui se tenait pour beaucoup plus grand
par la mort de Bérenger d'Entença et l'absence de Fernand Ximénès, fit persister la
Commission dans la résolution de ne recevoir
d'aucune manière le seigneur infant au nom
du seigneur roi de Sicile, mais bien en son
propre nom. Là-dessus le seigneur infant prit
congé d'eux, s'embarqua sur ses galères, et
s'en vint dans une île qui a pour nom Thasos,
voisine de six milles de ce lieu (1).

(1) « Le lieu, dit Buchon, où se trouvait alors Fernand de
Majorque devait être fort rapproché des ruines d'Abdère, sur le
continent opposé à l'île de Thasos, qui en est en effet fort peu
éloignée. »

« Le hasard fit que ce même jour j'arrivai avec toute ma compagnie dans cette île, ne sachant aucunes nouvelles de l'ost. Là je trouvai le seigneur infant, qui eut grand plaisir à me voir. Il me raconta tout ce qui s'était passé, ce dont je fus très mécontent et très affligé, ainsi que tous ceux qui étaient avec moi; et le seigneur infant me requit, au nom du seigneur roi de Sicile et en son nom, de ne point me séparer de lui. Et je lui répondis que j'étais tout prêt à lui obéir entièrement, comme à celui que je regardais comme mon seigneur; mais je le priai de m'attendre dans l'île de Thasos, jusqu'à ce que, avec tous ceux que j'emmenais avec moi, je me fusse rendu près de la Compagnie; et il me répondit qu'il le trouvait bon. Et aussitôt, avec les trente-six voiles, je m'en allai vers la Compagnie, que je trouvai à une journée de Christopolis. Et lorsque je fus arrivé, avant de prendre terre, je fis donner par Rocafort des sauf-conduits en règle pour tous hommes, femmes, enfants, en un mot pour tout ce qui appartenait à Béranger d'Entença ou à sa compagnie, et j'en fis autant pour tout ce qui concernait Fernand Ximénès; puis je débarquai. Et tous ceux ou celles qui voulurent aller là où était Fernand Ximénès y allèrent; et je les fis accompagner par cent hommes à cheval des Turks et autant de Turkopoules, et cinquante cavaliers chrétiens; et je leur fis prêter des chariots pour porter leurs effets. Ceux qui voulurent rester avec l'ost y restèrent; et ceux qui ne voulurent pas y rester, je leur donnai des barques pour les transporter en sûreté à Négrepont.

« Après avoir donné ordre à tout cela et retenu à cet effet l'ost pendant deux jours dans ce lieu, je fis réunir le conseil général; je leur reprochai avec fermeté tout ce qui s'était passé, et les forçai de rappeler à leur souvenir tout ce qu'ils devaient au riche-homme qu'ils avaient tué, aussi bien qu'à Fernand Ximénès, qui avait, par amour pour eux, quitté le duc d'Athènes, de qui il était traité avec grand honneur; et en présence de tous je leur rendis le sceau de la Communauté dont j'étais le gardien, ainsi que tous les registres, et leur laissai aussi tous les secrétaires de l'ost, et je pris congé d'eux tous. Alors ils me prièrent de ne pas les quitter, et surtout les Turks et Turkopoules, qui vinrent à moi en pleurant et me conjurant de ne pas les abandonner, car ils me regardaient comme un père; et la vérité est qu'ils ne m'appelaient jamais que leur *Ata,* qui en langue turque signifie père. Et je dirai aussi qu'en vérité je leur portais moi-même plus d'affection qu'à aucun, car c'était sous mon autorité qu'ils avaient été placés à leur entrée, et ils avaient toujours eu plus de confiance en moi qu'en aucun autre de l'ost des chrétiens. Je leur répondis que pour rien au monde je ne consentirais à rester, ne pouvant faillir dans ma foi au seigneur infant, qui était mon seigneur.

« Si bien qu'enfin je pris congé de chacun; et avec un « lin » armé de soixante-dix rames qui m'appartenait, et deux barques armées, je me séparai d'eux et m'en vins à Thasos, où je trouvai le seigneur infant qui m'attendait. »

Abandonnons pour un temps la Compagnie, ou plutôt ce qui restait de la Compagnie, privée maintenant de trois de ses grands chefs sur quatre, abandonnée aussi par l'Infant, réduite au commandement du seul Rocafort, et suivons le prince errant et son fidèle serviteur dans cette phase nouvelle de leur course aventureuse. Cette course, Muntaner nous l'a racontée dans un long récit où éclatent plus vivement à chaque ligne la noble fidélité du chroniqueur et son inébranlable attachement au légitime descendant de ses rois.

Le seigneur de la grande île de Thasos, en face de Christopolis, où Muntaner avait retrouvé le seigneur infant et où celui-ci l'avait attendu durant qu'il allait rendre ses comptes à la Compagnie, se trouvait être depuis peu un riche Génois, également seigneur de Phocée sur la côte d'Asie. On le nommait ser Tedisio ou Ticino Zaccaria, de l'illustre famille de ce nom. Il était neveu de messire Benoît Zaccaria, conquérant fameux de l'île de Chio. J'ai raconté comment, peu auparavant, dans une de ces expéditions de corsaires parties de Gallipoli que dirigeaient avec tant de plaisir les chefs catalans, Muntaner avait rendu à ce personnage un signalé service en lui envoyant son neveu Jean Muntaner pour l'aider à s'emparer par surprise de cette riche ville de Phocée, sur la côte asiatique, si célèbre et si florissante au moyen âge pour ses mines d'alun. Les soldats de Muntaner avaient rapporté de cette expédition un butin immense, surtout d'admirables et précieuses reliques. En reconnaissance de cette aide très efficace, Ticino fit aux navigateurs un accueil si magnifique que Muntaner semble n'avoir quitté qu'à regret le fort château où se trouvait la résidence de son nouvel ami. « Si, s'écrie-t-il, vous vîtes jamais un brave homme bien accueillir son ami, ce fut ainsi que m'accueillit messier Ticino Zaccaria. Ainsi le proverbe catalan est bien vrai qui dit : Oblige et ne regarde pas qui; car en ce lieu où je ne pensais jamais me trouver, j'éprouvai un grand plaisir, et le seigneur infant par moi, ainsi que toute notre compagnie. Et s'il en eût été besoin, nous pouvions dans ce château nous mettre tous en sûreté, et même à l'aide de ce château pousser en avant des conquêtes! » A travers les paroles graves de l'écrivain espagnol perce malgré tout l'irrésistible penchant de l'aventurier à faire butin et prise! Malgré toutes leurs tribulations, malgré leur séparation si pénible d'avec la Compagnie, Muntaner et son prince étaient bien demeurés ce qu'ils étaient, des *conquistadores* ne rêvant qu'aventures et butin.

Laissant en cadeau à leur hôte d'un jour quarante de leurs matelots, qui consentirent à demeurer à la solde de ser Ticino Zaccaria, plus une barque armée de vingt-quatre rames, les voyageurs avec les six bâtiments qui leur restaient, quatre galères, un « lin » armé et une barque, passèrent de l'île de Thasos au port d'Armyros (1) sur la côte thessalienne. Muntaner montait la meilleure galère après celle de l'Infant. Elle avait nom *l'Espagnole*.

(1) Ou Halmyros, ou encore Armiro.

Armyros appartenait alors au jeune prince ou sébastocrator grec de Thessalie, aussi appelée Mégalovlaquie ou Grande Vlaquie, dont était tuteur le duc franc d'Athènes. Le seigneur infant, avant d'entrer en Romanie, avait laissé en ce lieu quatre de ses hommes pour faire du biscuit; mais nos navigateurs ne retrouvèrent ni ces hommes, ni le biscuit préparé par eux, ni aucune provision de bouche, les gens du pays ayant tout détruit. « Nous nous en vengeâmes bien, car nous les poursuivîmes dans l'intérieur et mîmes tout à feu et à sang. »

D'Armyros, l'Infant et Muntaner s'en vinrent à la petite île rocheuse de Skopélos qui appartenait en ce temps à des aventuriers vénitiens de famille patricienne, les Tiepolo-Ghisi. « Nous nous battîmes contre les gens du château et ravageâmes toute l'île. » Puis on mit le cap sur la grande île de Négrepont, l'antique Eubée, où les Vénitiens étaient aussi les maîtres. On doubla le cap septentrional de cette vaste terre. Malgré les instances de tous, l'Infant s'obstina à vouloir aborder dans la cité même de Négrepont ou Égripos, l'ancienne Chalcis, capitale de l'ile sise dans la portion la plus étroite du canal d'Eubée. Mal lui en prit, ou plutôt leur en prit, « car c'est toujours grand danger, s'écrie Muntaner, de marcher avec fils de roi, quand il est jeune, car il se trouve de si bon sang qu'il ne peut se persuader que pour rien au monde aucun homme doive lui faire de la peine. A la male heure nous prîmes cette route et nous nous mîmes la corde au cou de notre pleine science. Et il faut dire aussi que ce sont des seigneurs tels qu'on n'ose s'opposer à rien de ce qu'ils veulent décider, et c'est ce qui nous advint, et il nous fallut consentir à notre propre destruction. »

A Négrepont, en effet, résidait en cette année 1308 très haut et magnifique seigneur Pierre Quirini, podestat vénitien de l'ile, magistrat puissant, principale autorité de toute la région. Une première fois ce personnage avait fait à l'Infant un accueil favorable, mais les récentes déprédations commises par le royal aventurier à Skopélos surtout, terre vénitienne, étaient peu faites pour le bien disposer en cette nouvelle occurrence, car elles avaient violemment irrité tous les Vénitiens. De plus, pour le malheur de l'Infant et de ses compagnons, le hasard, toujours aveugle, voulut qu'il se trouvât également ce jour de passage dans cette même cité de Négrepont un autre haut seigneur qui leur était absolument hostile. C'était noble homme Thibaut de Chepoy, ancien grand maître des arbalétriers du roi Philippe le Bel, maintenant passé au service du frère de celui-ci, très haut et puissant Charles de Valois, empereur titulaire de Constantinople, ce prince qui après avoir espéré successivement être roi d'Aragon, puis de Sicile, puis empereur d'Orient, ne fut définitivement, comme le dit Muntaner, que « roi du vent ». Thibaut avait été par Charles dépêché en Orient à la tête d'une flotte vénitienne pour chercher à préparer les voies à cette revendication de l'empire de Byzance auquel Valois prétendait du chef de sa femme, la dernière des Courtenay, l'impératrice titulaire Catherine, fille de l'empereur Philippe de Courtenay-Constantinople (1).

Il avait comme principale et presque capitale instruction de rejoindre la célèbre Compagnie catalane et de s'aboucher avec elle pour rechercher à tout prix son amitié et tenter de l'embaucher au service de messire Charles de France, « pour lequel on gardait l'empire de Constantinople ». Avec l'aide de tels combattants, dont la triomphante odysée retentissait par tout l'Occident, le frère du roi de France se flattait de venir bien facilement à bout de la résistance du Paléologue.

Chepoy, parti de Paris le 9 septembre 1306, de Venise en 1307, de Brindisi enfin vers les premiers jours de 1308, venait d'arriver à Négre-

______

(1) Voyez le compte de Chepoy pour cette expédition, qui figure sur un parchemin de la Chambre des comptes de Paris d'après une copie de Du Cange, B. N., lat., 9474, fol. 39-41. — (BUCHON, *op. cit.*, p. 467-469.) Charles de Valois avait épousé Catherine en 1301. Voyez encore le compte que dressèrent les clercs de la Chambre des comptes de Charles de Valois pour les dépenses de l'entreprise d'Orient, B. N., fonds Baluze, 394, n° 696. (MORANVILLÉ, *Bibl. de l'École des chartes,* 1890, p. 61-81.)

pont avec dix galères et un « lin » vénitien, accompagné de son frère, de son fils, nommés tous deux Jean, de plusieurs chevaliers et écuyers. Les capitaines de cette petite flotte étaient « Jean Tari » et « Marc Miyot », c'est-à-dire Jean Quirini et Marco Minotto.

La République de Venise avait dès le 19 décembre 1306 contracté une alliance avec Charles de Valois. On conçoit à quel point le mandataire de ce prince dut voir de mauvais œil l'Infant qui avait tenté de jouer auprès des Catalans le même rôle que lui voulait tenir auprès d'eux, mais dans une intention diamétralement opposée. Et puis il y avait la vieille rancune de Français à Espagnols, d'Angevins à Aragonais, et le souvenir peu lointain des Vêpres siciliennes, des campagnes en Catalogne et en Sicile de Charles de Valois, jadis investi par le pape du royaume d'Aragon. De plus et surtout le bruit courait déjà par tous ces parages maritimes de l'Archipel que les galères de l'Infant, celle de Muntaner en particulier, recélaient des trésors fabuleux. Il y avait enfin l'espoir

de faire plaisir à Rocafort, devenu le chef unique
de la Compagnie catalane, et de le bien disposer
en mettant à mal ceux qui s'étaient si durement
séparés de lui. Il n'en fallait pas tant pour que
la position de l'imprudent infant se trouvât des
plus critiques. Fernand en eut bien aussitôt le
sentiment, mais il crut devoir payer d'audace.
Après avoir obtenu pour lui et les siens sauf-
conduit des deux capitaines vénitiens de Chepoy, comme aussi des seigneurs tierciers de
Négrepont, dynastes d'Eubée, d'origine vénitienne, qui se partageaient le gouvernement
de l'île sous la haute suzeraineté de Venise et
de son podestat, il accepta sans hésiter l'invitation qui lui fut faite de descendre à terre pour
prendre part à un banquet.

A peine débarqué, l'infortuné infant, saisi
par les gens de Chepoy, fut livré par celui-ci aux
seigneurs tierciers. Les galères de Venise
coururent sus aux galères catalanes, « principalement sur la mienne, dit Muntaner, parce
qu'il était bruit que j'emportais de Romanie
tous les trésors du monde ». Il y eut entre tous

ces équipages une violente et très sanglante échauffourée, que suivit le pillage des galères catalanes par les matelots de Chepoy. Bref, ce fut un complet désastre pour nos aventuriers. Le seul Muntaner perdit plus de vingt-cinq mille onces d'or. Plus de quarante hommes furent tués sur sa galère.

Les tierciers vainqueurs expédièrent aussitôt l'Infant avec dix des plus considérables parmi ses officiers, chargés de chaînes, au duc ou mé-gaskyr (1) franc d'Athènes, Guy II de la Roche, en sa résidence de Thèbes de Béotie, à quelques heures de marche seulement du canal d'Eubée, à charge pour ce prince de garder sûrement ces captifs à la disposition de messire Charles de Valois.

Guy II, prince chevaleresque et bon, auquel les prisonniers furent remis par un des tierciers, Jean de Noyers de Maisy, à la tête d'une escorte de huit cavaliers et quatre écuyers, était violemment irrité contre l'Infant, à cause du pillage

(1) C'était le titre grec que portaient les ducs francs d'Athènes.

d'Armyros, ce port du sébastocratorat de Thessalie ou Grande Vlaquie, dont le duc d'Athènes était pour lors régent au nom de son pupille mineur le sébastocrator Jean II l'Ange. Résolu toutefois à ne pas se souiller du sang de ce jeune audacieux, il le fit jeter dans les tristes cachots du célèbre et somptueux château de Saint-Omer, une des merveilles de l'architecture franque dans la Grèce du moyen âge. Il n'en demeure aujourd'hui pierre sur pierre. Chepoy, qui, lui aussi, n'avait pas osé attenter aux jours de son royal captif, avait fait prier le duc de le retenir jusqu'au moment où Charles de Valois, alors en France, aurait prononcé sur son sort. Quant à Muntaner, qui, parce qu'il n'avait pas voulu quitter l'Infant dans Négrepont, avait échappé au massacre de ses matelots, Chepoy, les tierciers et les Vénitiens crurent faire un coup de maître en le remettant, ainsi que les autres survivants du désastre, à Rocafort, qui ne l'aimait point, et à la Compagnie, qui, croyaient-ils, ne lui pardonnerait jamais d'avoir laissé piller ses trésors. Tous ces fourbes comptaient bien que les Catalans mettraient à mort ce fidèle serviteur avec ses compagnons, et qu'ainsi disparaîtraient les derniers témoins gênants de cet acte de violence et de rapine commis contre toute règle du droit des gens.

« Des hommes de Négrepont, dit Muntaner, donnèrent à entendre à messire Thibaut de Chepoy que, si l'on voulait rien obtenir de la Compagnie, il fallait me renvoyer auprès d'elle, car j'emportais avec moi une bonne partie du trésor des hommes de notre Compagnie ; ainsi qu'ils feraient deux bonnes choses : premièrement, qu'ils feraient plaisir à la Compagnie, et d'un autre côté ils savaient très bien que la Compagnie me mettrait à mort aussitôt, et qu'ainsi il n'y aurait plus personne pour réclamer ce qu'ils m'avaient pris. Ils conseillèrent d'y renvoyer aussi Garcia Gomès Palascin, à qui Rocafort voulait plus de mal qu'à homme du monde, pensant qu'on ferait ainsi grand plaisir audit Rocafort.

« Et ainsi qu'on leur conseillait, ils le firent,

car ils renvoyèrent à la Compagnie Garcia
Gomès et moi. »

. Les deux prisonniers de Chepoy que celui-ci,
à la tête de son escadrille, avait amenés en personne à Rocafort, trouvèrent la Compagnie
installée non plus à Christopolis comme il en
avait été d'abord décidé, mais bien plus au sud
et à l'ouest, dans la péninsule même de Chalcidique, à Kassandreia, ville qui avait succédé à
l'antique Potidée de Macédoine. Après le désastreux conflit qui avait coûté la vie à Entença et
décidé du départ presque simultané de Ximénès
de Arenos, de Muntaner et de l'Infant, la Compagnie, dès lors fort diminuée et commandée
par le seul Rocafort, avait échoué dans une
tentative pour s'emparer de Christopolis. Elle
avait été repoussée par le puissant archôn
Georges auquel l'empereur avait confié la
défense de cette ville, et avait dû renoncer à
s'installer dans cette heureuse situation qui
lui eût fort convenu, mais que les Grecs avaient
eu le temps de mettre en état de défense. Elle
avait alors, nous dit Muntaner, franchi à grande

peine et à marches forcées le pas de Christopolis, c'est-à-dire ce chaînon avancé du Rhodope qui s'avance en ce point jusqu'à la mer.
Nous ignorons pourquoi ce passage présenta
d'aussi grandes difficultés : sentiers perdus de
la montagne, résistance des populations sou-
levées ou résistance des contingents impériaux.
Nous savons uniquement qu'on ne réussit pas
à prendre la ville de Christopolis. Après cela,
les aventuriers avaient poursuivi leur marche
audacieuse à travers les montagneuses régions
qui avoisinent la grande péninsule de Chalcidique. Nous n'avons, hélas ! cette fois plus
aucun renseignement sur cette partie de l'odyssée des Catalans. Le récit de Muntaner nous
fait ici comme pour la suite cruellement défaut.
Évitant avec soin les places fortes et les châteaux, les guerriers d'Occident ne durent guère
rencontrer de résistance. Ils vécurent uniquement sur l'habitant, et Nicéphore Grégoras,
dont le récit trop bref vient ici continuer la
Chronique de Pachymère, terminée malheureusement aussi à l'an 1308, parle d'effroyables

exactions et de non moins abominables massacres (1).

La Compagnie passa non loin de la presqu'île fameuse où s'amoncelaient déjà les couvents de la Sainte-Montagne de l'Athos, et, traversant de biais toute la Chalcidique, s'en vint au cours de l'hiver de 1307 à 1308 prendre ses cantonnements dans cette cité maritime de Kassandreia qui devait demeurer durant plus d'une année pour elle un nouveau Gallipoli. Elle y fut, nous l'avons vu, tout aussitôt rejointe

(1) Le récit de Nicéphore Grégoras ne fait que confirmer la véracité de celui de Muntaner. « Ayant donc, dit-il, franchi la cime du Rhodope qui s'étend jusqu'à la mer, les Catalans s'avancèrent impunément en grossissant toujours leur butin. Avec eux marchaient plus de deux mille Turks, tant à pied qu'à cheval. Quant aux Catalans, ils étaient plus de cinq mille, tant hommes de cheval qu'hommes de pied. C'était au milieu de l'automne. Comme l'hiver approchait, ils songèrent à se précautionner de vivres pour la mauvaise saison et se jetèrent dans les bourgs de Macédoine. Là, après avoir presque tout ravagé, et s'étant munis de nombreuses provisions, fruits de leurs brigandages, ils campèrent dans les alentours de Kassandreia. C'était une ville autrefois célèbre, maintenant vide d'habitants. Le pays environnant est également favorable à un campement pendant la bonne comme pendant la mauvaise saison ; et c'est là, je l'ai dit, que les Catalans dressèrent leurs tentes. C'est un long promontoire qui s'avance vers la mer, terminé par de vastes golfes par lesquels s'écoule la neige amassée dans les mois d'hiver. »

par Thibaut de Chepoy lui ramenant les prisonniers de Négrepont.

Les Almugavares, qui venaient par cette
longue marche de tourner tout le littoral septentrional de la mer Égée, s'installèrent fortement dans cette cité maritime, bâtie comme
Gallipoli à l'entrée d'un isthme étroit.

Kassandreia, au fond du golfe Coronaïque,
à la gorge même de la plus occidentale des
trois presqu'îles de la Chalcidique, celle de
Pallène, non loin des ruines de la fameuse
Potidée, baignait ses murailles dans les flots de
l'immense golfe de Salonique. Elle était située
à cent vingt milles environ de cette grande
cité, la seconde et la plus riche ville de l'empire byzantin en Europe. « De ce point,
dit Muntaner, où campèrent les Catalans, ils
firent aussitôt des incursions jusqu'à la ville de
Salonique et par tout le pays, car ils trouvèrent que c'était une contrée toute neuve à
exploiter. Ils résolurent donc d'épuiser ce pays
comme ils avaient fait des cantons de Gallipoli,
de Constantinople et d'Andrinople. » Kassan-

dreia est aujourd'hui remplacée par le village insignifiant de Pinaka. L'antique port n'est plus qu'un vaste marais. On aperçoit encore les traces d'une muraille armée de tours qui traversait l'isthme et plusieurs blocs hellé- niques. Ce devait être un point de très facile défense. Le port était excellent. Durant plus d'une année on vécut ici comme on avait vécu à Gallipoli, du riche butin qu'on avait ap- porté et des nouvelles contributions de guerre qu'on se mit aussitôt à prélever sur la contrée environnante. Les grandes razzias furent réor- ganisées sur le même pied qu'autrefois. Des corps détachés allèrent incendier les villes, les villages, les monastères. Le terrible pillage de Thrace recommença en Macédoine. Malheu- reusement l'historien qui nous a renseignés si parfaitement sur les années de vie à Gal- lipoli allait, nous l'allons voir, quitter sur l'heure Kassandreia pour n'y jamais revenir. Aussi des longs mois passés par la Compagnie en ce second séjour savons-nous, hélas! aussi peu que nous sommes d'autre part bien renseignés sur celui de Gallipoli. Tout ce que nous connaissons de ces années de vie à l'entrée de la péninsule de Chalcidique tiendrait en dix lignes! Même il faut nous résigner à n'en savoir probablement jamais davantage.

Revenons au savoureux récit de Muntaner et disons la suite de ses aventures et de celles de Garcia Gomès à leur retour auprès de la Compagnie au camp de Kassandreia, en qualité de prisonniers de Thibaut de Chepoy, l'envoyé de messire Charles de France. Les machiavéliques combinaisons de celui-ci à l'endroit de Muntaner échouèrent devant l'immense popularité dont notre loyal écrivain jouissait auprès de ses compatriotes. Il n'en fut pas de même pour son malheureux compagnon.

Voici le récit de ce retour dans Muntaner : —
« Et aussitôt qu'ils (Thibaut et les envoyés des tierciers d'Eubée) furent arrivés, ils présentèrent Garcia Gomès à Rocafort, qui en eut grande joie. Rocafort arriva aussitôt sur la poupe de la galère; et dès que Gomès eut été

débarqué, sans autre sentence et en présence de tous, Rocafort lui fit couper la tête. Ce fut assurément un grand malheur et un grand dommage, car, en vérité, c'était un des meilleurs chevaliers du monde à tout égard (1). »

Muntaner passe ensuite à sa propre réception, qui fut fort différente. « Quand tout cela eut été fait, ils vinrent me baiser et m'embrasser; et ils pleurèrent tous sur les pertes que j'avais faites. Et les Turcks et les Turkopoules accoururent tous et voulurent me baiser les mains et commencèrent à pleurer de joie, pensant que je venais pour rester avec eux. Et aussitôt Rocafort et tous ceux qui m'accompagnaient me conduisirent dans la plus belle maison qui fût là, et me la firent livrer. Dès que je fus établi dans mon logement, les Turcks m'envoyèrent vingt chevaux et mille hyperpres d'or, et les Turkopoules autant. Rocafort m'en-

(1) Muntaner tait la cause de la haine que Rocafort portait à ce malheureux et loyal chevalier. C'est uniquement parce que celui-ci avait toujours été un zélé partisan d'Entença et de Ximénès de Arenos.

voya un bon cheval, une mule, cent cafises (1) d'avoine, cent quintaux de farine, de la viande salée et des bestiaux de toutes sortes. Enfin, il n'y eut ni « adalil », ni chef d'Almugavares, ni le moindre individu de quelque valeur, qui ne m'envoyât ses présents; de telle sorte que ce qu'ils m'envoyèrent dans l'espace de trois jours, on pourrait bien estimer que cela valait quatre mille hyperpres d'or. Si bien que Thibaut de Chepoy et les Vénitiens se trouvèrent fort déçus de m'avoir ramené là.

« Tout cela fait, Thibaut de Chepoy et les chefs des galères entrèrent en pourparlers sur leurs affaires avec la Compagnie. La première chose que firent les nôtres fut d'exiger que les Vénitiens me fissent satisfaction du dommage qu'ils m'avaient causé, et qu'ils s'engageassent à cela par serment; car la Compagnie leur déclara que j'avais été leur père et leur gouverneur depuis qu'ils étaient partis de Sicile, et que jamais mal n'avait pu s'élever entre eux tant

(1) Du mot arabe *kafis* qui désigne à la fois une mesure de capacité et une mesure de longueur.

que j'avais été présent, et que si j'avais été avec eux, le malheur de Bérenger d'Entença et des autres ne serait point arrivé. Ce fut là le premier article qu'ils durent promettre et jurer; et ils tinrent mal et peu loyalement leurs serments. Aussi Dieu mit-il à mal tous leurs faits, ainsi que vous l'apprendrez plus tard.

« Que vous dirai-je? Rocafort, voyant qu'il s'était aliéné les maisons de Sicile, d'Aragon et de Majorque, ainsi que toute la Catalogne, résolut de se rapprocher de messire Charles; et ainsi il prêta et fit prêter serment par toute la Compagnie à la bannière de messire Charles de France; et ce fut au grand dam d'une partie comme de l'autre. Et dès qu'ils eurent fait serment et hommage à Thibaut de Chepoy au nom de messire Charles, ils jurèrent de reconnaître en qualité de capitaine messire Thibaut de Chepoy, qui d'une main bien douce tint la bride de sa capitainerie, car il voyait bien qu'il ne pouvait en agir autrement.

« Que vous dirai-je? Quand messire Thibaut eut été reconnu et juré comme capitaine, il s'imagina que nul autre que lui n'oserait commander; mais Rocafort n'en faisait pas plus de cas que d'un chien; et il se fit faire un sceau portant un cavalier et une couronne d'or, car il croyait se faire couronner roi de Salonique. Que vous dirai-je? Quand ceci eut été fait, Thibaut fut capitaine du vent de la même manière que l'était son seigneur. Et comme son seigneur avait été roi du chapeau (1) et du vent, quand il accepta la donation du royaume d'Aragon, de même Thibaut fut capitaine du chapeau et du vent. »

« Thibaut de Chepoy, dit M. J. Petit (2), avait d'abord facilement obtenu des Catalans la reconnaissance de Charles de Valois comme empereur d'Orient, non seulement parce que l'argent arrivait abondamment d'Occident, mais

(1) Bernard d'Esclot raconte que le cardinal légat revêtit Charles de Valois du royaume d'Aragon, en 1285, en lui posant sur la tête son chapeau de cardinal, ce qui fait que Muntaner l'appelle toujours « roi du chapeau », c'est-à-dire « roi de la façon du cardinal ».

(2) J. PETIT, *Un capitaine du règne de Philippe le Bel, Thibaut de Chepoy*, p. 12. (Extr. du *Moyen Age*, année 1897.)

aussi parce qu'ils espéraient qu'à l'heure de la victoire, dont leurs heureuses expéditions à travers l'empire ne pouvaient leur faire douter, ils seraient largement payés de leur aide. Les Catalans étaient désormais compromis aux yeux du roi Frédéric de Sicile en acceptant l'emprisonnement de l'Infant, et l'entreprise de Thibaut s'annonçait bien, car, d'après le rapport de l'agent français Monomakos, des forteresses des environs de Gallipoli reconnaissaient déjà Charles de Valois. »

Thibaut de Chepoy, très attaché à son maître Charles de Valois, ne négligeait rien, on le voit, pour lui gagner des partisans. Il entretenait déjà, nous le savons, des correspondances secrètes non seulement avec ceux des Latins qui avaient des possessions en Grèce, mais encore avec un assez grand nombre de hauts personnages byzantins mécontents du gouvernement de leur basileus. Il avait surtout ardemment désiré attirer au parti de Charles l'héroïque Rocafort et sa non moins héroïque Compagnie. Et maintenant à peine avait-il réussi à se faire reconnaître par eux comme chef suprême et capitaine général au nom du prétendant au trône de Constantinople qu'il se trouvait comme pris au piège. Rocafort et la Compagnie ne se souciaient pas plus de lui que si Charles de France n'eût pas existé. Lui qui s'était imaginé d'abord que nul autre que lui n'oserait commander vit bien vite dans quelle situation abominable, dans quel guêpier il s'était fourré. Personne ne s'occupait de lui. Même ses capitaines vénitiens, estimant avoir terminé leur tâche en le plaçant à la tête de la Compagnie, s'apprêtaient à partir avec leurs galères. Dans sa détresse, il ne craignit pas de se retourner du côté de Muntaner, qu'il avait tant malmené. Mais celui-ci, maintenant libre et quelque peu indemnisé de ses pertes, ne songeait plus déjà, dans sa loyauté, sa fidélité, son dévouement accoutumés, qu'à courir rejoindre son très cher infant en sa prison thébaine. En vain Thibaut de Chepoy supplia l'honnête Espagnol de rester à Kassandreia et de s'entremettre entre lui et l'intraitable Rocafort. En vain les Turks et les Turkopoules joignirent leurs prières à celles de l'envoyé de Charles de France. « Pour rien au monde, s'écrie-t-il, je n'eusse consenti à séparer mon sort de celui de mon cher seigneur. Et quand ceux de la Compagnie virent qu'ils n'y pouvaient rien faire ni obtenir de moi autre chose, ils firent venir les capitaines des galères et les prièrent chèrement de me bien traiter. Ensuite ils me firent donner une galère où pût aller toute ma suite; mais messire Tari (1), principal capitaine, voulut que j'allasse sur sa galère. Et messire Thibaut écrivit ses lettres à Négrepont pour que tout homme, sous peine de punition de corps et de biens, eût à me rendre ce qui était mien. Et moi, je fis don de tous mes chevaux, attelages et chariots à ceux qui avaient été de ma compagnie. Je pris alors congé d'eux tous et m'embarquai à bord de la galère de messire Jean Tari. Et si jamais homme reçut honneurs d'un autre gentilhomme, ce fut bien moi

(1) Jean Quiriai.

qui les reçus de lui; car il voulut que je couchasse avec lui dans le même lit, et lui et moi, nous mangions ensemble à une table séparée. »

A l'arrivée à Négrepont, les capitaines des galères firent publier à son de trompe par le baile de Venise et les seigneurs tierciers d'Eubée « que tout homme qui avait eu quoi que ce soit du bien de Muntaner eût à le lui rendre, sous peine de corps et de biens ». Mais, en fin de compte, personne ne lui restitua rien (1). Alors, « avec la permission de messire Jean Tari (Quirini) », qui consentit par amitié à l'attendre quatre jours, le brave soldat, avec quelques serviteurs, courut à cheval à Thèbes, où il trouva le duc d'Athènes déjà presque mourant de cette maladie goutteuse qui avait fait de toute sa vie un long supplice. Le bon Muntaner conjura ce prince chevaleresque, qui l'accueillit fort bien et se mit à sa disposition, de veiller au salut de l'Infant, toujours

____

(1) En 1356 et 1357 seulement, après d'interminables négociations, la petite-fille de Muntaner obtint la restitution d'un dixième environ de la somme en litige.

étroitement gardé dans le donjon de Saint-Omer. Guy de la Roche autorisa gracieusement Muntaner à aller passer deux jours auprès du prisonnier. Il fit même ouvrir toutes grandes les portes du château et permit à Fernand de recevoir durant ces deux jours qui il voudrait à sa table. Il l'autorisa en outre à courir à cheval dans la campagne de Béotie. « Si ma douleur fut vive quand je le vis au pouvoir d'autrui, ne me le demandez pas; mais lui par sa grande douceur me réconforta. » Le fidèle serviteur passa deux jours pleins auprès de son seigneur, mais l'Infant refusa, malgré les supplications de Muntaner, de le garder davantage auprès de lui. Estimant qu'il lui serait plus utile d'autre manière, il le chargea d'une lettre pour le roi Frédéric de Sicile, afin que celui-ci, instruit par ce précieux témoin des événements et des intrigues qui lui avaient coûté la liberté, s'entremît pour le délivrer. « Je pris congé du seigneur infant avec grande douleur, car peu s'en fallut que mon cœur ne s'en brisât. Je lui laissai une partie du peu d'argent que

j'avais; et je me dépouillai de quelques habillements que je portais et les donnai au cuisinier
que le duc d'Athènes lui avait fourni, et je pris
à part ledit cuisinier et lui dis qu'il se gardât
bien de souffrir que rien fût mis dans ses mets
qui pût lui faire aucun mal, et que s'il y donnait
bonne garde, il en recevrait de bonnes récompenses de moi et d'autres. Et je lui fis mettre
les mains sur l'Évangile et jurer en ma présence qu'il se laisserait plutôt couper la tête
que de souffrir qu'il arrivât malheur à l'Infant
pour avoir mangé d'aucuns mets préparés par
lui. Ces précautions prises, je le quittai. J'avais
déjà pris congé du seigneur infant et de sa
compagnie; j'allai aussi prendre congé du duc,
qui avec bonne grâce me fit don de quelques
riches et beaux joyaux. Nous partîmes satisfaits
de lui et retournâmes à Négrepont, où se trouvaient les galères, qui n'attendaient plus que
moi.

Ramon Muntaner, notre guide parfait, ne
devait plus reparaître dans le Levant. Après un

voyage accidenté, il parvint sain et sauf en
Sicile auprès du roi Fadrique, son maître, qui,
très marri de la triste aventure de l'Infant, se
concerta aussitôt avec les souverains de Majorque et d'Aragon pour négocier la délivrance de son neveu. Dans l'intervalle, malheureusement, sur l'ordre de Charles de Valois, le
prisonnier avait été expédié à Naples au roi
Robert d'Anjou, qui le tint plus d'un an « en
prison courtoise ». Il était gardé, mais chevau-
chait avec le roi Robert et mangeait avec lui et
avec madame la reine, femme du roi Robert,
laquelle était la sœur de l'Infant.

Puis, par la haute intervention du roi de
France, Philippe le Bel, l'illustre captif put
enfin en 1309 regagner les États du roi de
Majorque son père. « Et son père et sa mère,
et tout ce qu'il y avait d'habitants dans les États
du roi de Majorque, en firent de grandes
réjouissances, car tous l'aimaient plus qu'aucun autre enfant de leur seigneur roi. » L'aventureux infant ne devait pas jouir longtemps de
cette liberté si chèrement acquise. Le même

Muntaner nous a retracé dans la suite de sa longue chronique si pleine de faits, si vivante, si variée, sa mort tragique dans les campagnes de Morée, où il était venu disputer la couronne ducale d'Achaïe à son compétiteur Louis de Bourgogne, son heureux rival d'une heure, qui devait sitôt le rejoindre dans la mort, victime lui-même d'un prétendant nouveau. Tous deux, l'infant de Majorque et le prince bourguignon, nous ont laissé de leur courte domination en Morée de très rares monnaies frappées à Chiarentza ou Clarence, capitale médiévale du vieux Péloponèse.

De Muntaner lui-même, que nous quittons à si grand regret, je ne dirai plus que quelques mots. De Sicile, le vaillant serviteur demanda permission de se rendre en Catalogne pour y épouser sa femme, avec laquelle il avait été fiancé sept ans auparavant lorsqu'elle était encore enfant, en la cité de Valence. Mais le roi de Sicile préféra l'envoyer d'abord défendre contre les Maures ses îles de Djerbe et de Querquena sur les côtes de l'Afrique lointaine.

Notre modeste héros demeura plus de trois ans dans ce poste dangereux et s'y comporta avec un rare courage. Alors seulement il obtint son congé pour aller se marier. Sur la route, à Majorque, il revit son cher infant. A Valence il resta vingt-deux jours à faire célébrer ses noces, puis repartit avec sa femme pour la Sicile, et de là pour son étrange seigneurie de Djerbe, cette grande île basse, peuplée d'oliviers superbes, où, en véritables souverains, ils firent ensemble leur joyeuse entrée. Muntaner passa encore dans cette résidence près de trois années paisibles. Au printemps de l'an 1315 il revint en Sicile pour offrir ses services à son cher infant, qui, l'an d'auparavant, avait épousé la délicieuse petite princesse héritière de Morée, Isabelle, fille de Marguerite, haute et puissante dame de Matagrifon. Hélas! Isabelle mourut en couche quelques mois après l'arrivée de Muntaner, et son époux éploré partit peu après pour s'assurer de la possession de la Morée comme héritage de son jeune fils au berceau, Jayme. A ce moment il chargea son fidèle serviteur de conduire ce fragile enfant, à peine âgé de quelques mois, à sa grand'mère, la reine d'Aragon. Le récit du voyage du vieux guerrier transformé en bonne d'enfant est simplement délicieux, et ce m'est un regret de ne pouvoir ici le reproduire. Muntaner s'apprêtait de Valence à aller rejoindre son infant bien-aimé lorsqu'il apprit sa fin tragique aux campagnes de Morée. Le soldat écrivain mourut lui-même vers 1336 et fut enterré dans la chapelle de saint Macaire de l'église des frères prêcheurs (1).

Revenons à la Compagnie, dont Muntaner, fidèle à son principe de n'insister que sur les événements dont il a été le témoin oculaire, ne nous dit, hélas! plus que quelques mots, sur la foi des récits qui lui furent faits par ceux des Almugavares qu'il revit dans la suite. « Je laisse, nous dit-il, le seigneur infant se réjouir sain et

(1) Voy. pour les détails sur cette vie si pleine Buchon, *Notice sur Ramon Muntaner, op. cit.*, p. 43 et suiv. La première édition de la *Chronique* de Muntaner en langue catalane parut à Valence en 1558, chez la veuve du Flamand Joan Mey (in-folio).

sauf auprès du seigneur roi son père, et je reviens à vous parler de la Compagnie jusqu'à ce que je vous les aie amenés au duché d'Athènes où ils sont aujourd'hui. »

Il était facile de prévoir que de graves dissensions ne tarderaient pas à éclater entre Thibaut de Chepoy et le maréchal Bérenger de Rocafort, de caractère si emporté. Celui-ci, en effet, n'entendait nullement se dépouiller d'une autorité si chèrement et si péniblement achetée. Il n'avait accueilli les ouvertures du nouveau venu que parce qu'il croyait trouver en lui un instrument docile. L'animosité entre ces deux hauts personnages s'accrut rapidement à un point inouï. Rien n'égalait l'ambition, la jactance du maréchal. Il se posait en souverain véritable comme s'il fût déjà roi de Salonique. Il ne songeait même à rien moins, paraît-il, qu'à s'allier au puissant duc d'Athènes, alors si gravement malade, dans l'espoir de lui succéder peut-être dans son duché et jusqu'en la principauté de Thessalie, dont Guy II était le tuteur au nom du prince mineur. Dans ce but, l'audacieux aventurier avait osé demander la main de Jeannette de Brienne, belle-sœur du mégaskyr, la même princesse qui avait dû épouser le margrave Théodore de Montferrat, fils de l'impératrice Irène. Ce mariage extraordinaire de Rocafort semble bien avoir été sur le point de se faire après que le duc eut donné son consentement au maréchal, qui venait de lui prêter serment de vassalité. Même deux ménestrels envoyés par le duc étaient partis pour Kassandreia, chargés de terminer les négociations.

Ce fut alors que Venise intervint. Celle-ci se défiait fort du maréchal, qui, suivant certains rapports, sans bornes dans son ambition, excité secrètement par les deux tierciers Antoine le Flamenc et Boniface de Vérone, nourrissait également des projets de conquête sur cette grande île d'Eubée que sous aucun prétexte la République ne voulait voir lui échapper. Bref, les intrigues de Venise, celles de Chepoy qui voyait la Compagnie se détacher de plus en plus de lui, triomphèrent sur ce point. Le mariage projeté fut rompu. Le duc Guy était, du reste, agonisant.

Chepoy, auquel Charles de Valois avait fait, je l'ai dit, passer des sommes considérables, eut enfin un moment le dessus au camp de Kassandreia, qui devint le théâtre d'un nouveau drame plus meurtrier, plus lugubre, plus imprévu que tous ceux qui avaient déjà marqué la sanglante et tragique odyssée de la Grande Compagnie.

Voici le vif récit de Muntaner, que je m'en voudrais de ne pas citer textuellement : « Quand Rocafort eut fait faire le sceau, il s'empara tellement de l'ost qu'on y reconnaissait moins Thibaut de Chepoy qu'on n'eût fait un simple sergent ; si bien que Thibaut en fut très dolent et se regarda comme bafoué. Rocafort se méconnut si bien qu'il ne mourait pas un homme dans l'armée qu'il ne s'emparât de tout ce qu'il laissait. D'un autre côté, si quelqu'un avait une belle femme, une belle fille ou une belle maîtresse, il fallait qu'il l'eût ; de sorte qu'on ne savait que faire. Si bien qu'enfin tous les chefs des compagnies allèrent secrètement trouver Thibaut de Chepoy, et lui demandèrent quel conseil il avait à leur donner relativement à Rocafort, car ils ne pouvaient plus le souffrir. Il leur répondit que quant à leur donner aucun conseil, c'est ce qu'il ne ferait pas, attendu qu'il était leur seigneur; que, s'ils voulaient réellement bien faire, ils n'avaient qu'à réfléchir de leur côté, et lui réfléchirait du sien sur ce qu'il avait à faire. Et Thibaut s'exprimait ainsi, craignant qu'ils ne voulussent le décevoir et le trahir. Thibaut alla donc trouver Rocafort, le prit à part et lui fit des remontrances; mais lui ne prit point cela en bonne part.

« Thibaut avait déjà envoyé son fils à Venise, pour qu'on lui armât six galères, et il les attendait; et à peu de jours de là elles arrivèrent avec son fils, qui les commandait; et quand les galères furent arrivées, il se regarda comme sauvé. Il envoya en secret aux chefs des compagnies pour leur demander ce qu'ils avaient résolu au sujet de Rocafort. Ils répondirent qu'ils étaient d'avis que messire Thibaut fît convoquer le conseil général, et que, quand ils seraient réunis en conseil, ils lui diraient ce qu'ils voulaient, et que là ils l'arrêteraient en personne et le lui livreraient. Ainsi fut-il fait, pour leur malheur; car le lendemain, étant au conseil, ils l'accusèrent d'avoir porté le désordre parmi eux, et sur cette accusation ils l'arrêtèrent et le livrèrent à Thibaut; en quoi ils firent la plus grande faute que jamais gens aient commise, de l'avoir ainsi livré aux mains d'autrui, au lieu d'en tirer vengeance par eux-mêmes, s'ils avaient à cœur de le faire.

« Que vous dirai-je? Dès que messire Thibaut tint entre ses mains Bérenger de Rocafort et Gilbert son frère (car leur oncle aussi, Dalmas de Saint-Martin, était mort de maladie depuis peu de temps), les chefs des compagnies coururent au logement et aux caisses de Rocafort, et trouvèrent tant d'hyperpres d'or qu'ils eurent treize hyperpres d'or en partage pour chaque homme. Et enfin ils pillèrent tout ce qu'il avait. »

Les deux frères Rocafort, précipités soudai-

nement de si haut, furent par ordre de Chepoy
chargés de chaînes et expédiés immédiatement
à Naples au roi Robert d'Anjou, l'ennemi juré
de tous les Espagnols (1). « Ce prince, poursuit Muntaner, voulait plus grand mal à Rocafort qu'à homme du monde, à cause de ces châteaux de Calabre qu'il n'avait pas voulu rendre
dans le temps comme l'avaient fait les autres. »
Jetés par son ordre dans les sombres cachots
du donjon d'Aversa, les deux frères y périrent
d'une mort effroyable. On les laissa mourir de
faim, « car du moment où ils y furent, nul ne
leur donna à boire ni à manger ». Ainsi expira
misérablement l'ancien compagnon du césar
Roger, le grand maréchal de la Grande Compagnie, le brillant capitaine d'aventure qui avait
rêvé de ceindre à la fois la couronne royale de
Salonique et celle des mégaskyrs d'Athènes.
Ainsi devaient périr successivement de mort
violente presque tous les chefs de la Com-

(1) C'est à tort que Muntaner, insuffisamment informé, raconte
que Chepoy abandonna dès ce moment la Compagnie et conduisit lui-même ses deux prisonniers à Naples.

pagnie catalane : le césar Roger poignardé dans le palais d'Andrinople, Entença massacré dans les campagnes de Macédoine, Rocafort expirant dans les tourments de la faim au château d'Aversa. Nous possédons encore les comptes des dépenses soumis par Thibaut de Chepoy à Charles de Valois, son maître, au retour de sa mission du Levant. Un des articles est ainsi conçu dans sa tragique concision : « A Jacques de Cornoy qui emmena en Pouille Roquefort et autres traîtres, et de là s'en alla en France, soixante florins. » En terminant ce récit lamentable, l'honnête Muntaner s'écrie sentencieusement : « Vous pouvez voir par là que celui qui mal fait n'éloigne pas pour cela le mal de soi, et que plus est élevé l'homme, plus patient et droiturier doit-il être. »

Chepoy était vengé des dédains de Rocafort et débarrassé d'un dangereux rival. Mais sa position n'en était pas meilleure pour cela. Il avait dû se priver de quatre de ses galères pour escorter Cornoy et ses prisonniers. Deux seules lui restaient, plus un autre bâtiment plus petit, qu'il conservait précieusement pour sa sécurité personnelle (1). Il prévoyait en effet que sa situation serait bientôt intenable, lui, le gentilhomme français fin, presque lettré, au milieu de cette horde d'aventuriers de toute race, horde déjà si différente de ce qu'avait été la Grande Compagnie à son départ de Sicile quelques années auparavant. L'indiscipline, le désordre avaient fait avec la victoire incessante des progrès effrayants dans les rangs des Catalans. Puis Chepoy avait fini par se convaincre que les intérêts de son maître ne pouvaient être que bien peu servis par le moyen de la Compagnie, bien trop exclusivement résolue à ne travailler que dans son propre intérêt. Son escorte, bien qu'imposante, était beaucoup moins nombreuse que l'armée catalane, qui se refusait maintenant à toute entente avec Valois (2). A toutes ces causes de préoccupations se joignait le peu de cas que ce dernier pouvait faire de toutes ses

(1) Et aussi pour résister aux habitants de Salonique, qui armaient cinq « lins » pour détourner les vivres de son armée.

(2) DELAVILLE LE ROULX, *La France en Orient au XIVᵉ siècle*, I, p. 45.

autres alliances de l'Occident. De plus, l'impératrice Catherine était morte. Le valeureux et bon duc Guy d'Athènes, le dernier des La Roche, venait également d'expirer sans postérité le 5 novembre de l'an 1308, laissant la couronne des mégaskyrs à son beau-frère, le non moins chevaleresque Gautier de Brienne. La Thrace était dévastée. Les Grecs, si longtemps écrasés, relevaient la tête et commençaient sous un capitaine énergique à inquiéter les cantonnements septentrionaux de la Compagnie. En même temps l'attitude de Venise, toujours craintive pour Négrepont, demeurait aussi indécise qu'inquiétante.

Du long séjour même de la Compagnie à Kassandreia nous ne savons presque rien. Muntaner n'en souffle plus mot. Il expose seulement sur la foi des on dit les démêlés entre Chepoy et Rocafort, démêlés que je viens de raconter. Force nous est donc, pour cette suite de mois passés à Kassandreia, de nous contenter des bien maigres renseignements fournis par les historiens grecs, en particulier par Nicéphore Grégoras, car la chronique si nourrie de Pachymère s'arrête malheureusement, on le sait, en l'an 1308. C'est ainsi que nous apprenons qu'au printemps de cette même année le gros de la Compagnie osa tenter un coup de main sur la riche et grande cité de Salonique, la seconde ville de l'empire! Les Almugavares espéraient par cette superbe proie s'assurer la conquête de toute la Macédoine. Nous n'avons pas de détails. Nous savons seulement que les Espagnols reçurent de la nombreuse et vaillante garnison byzantine commandée par un certain Chandrenos, chef brave et éprouvé, un tel accueil qu'ils durent se retirer précipitamment après cette attaque manquée. Précisément à ce moment séjournaient encore dans cette ville les deux basilissæ Irène et Marie ou Xéné, femmes des deux basileis, avec leurs cours et leurs richesses. L'entreprise de la Compagnie avait été trop tôt ébruitée. L'empereur Andronic avait pu envoyer en toute hâte des renforts et des vivres, et fait lever des milices.

Durant que le gros de la Compagnie éprouvait ce sensible échec, peut-être déjà auparavant de nombreux détachements isolés avaient également tenté de s'emparer des célèbres monastères de la Sainte Montagne de l'Athos, dont les immenses richesses déjà alors accumulées dans les trésors de leurs églises, augmentées encore par les libéralités de Michel VIII et d'Andronic II et par celles de nombreux particuliers, hantaient les imaginations de tous ces enragés pillards. Les récits de Muntaner nous font, hélas! ici plus défaut que jamais, et nous ne possédons que bien peu d'indications précises sur cette phase si curieuse de l'Anabase catalane, sur cette lutte étonnante des Almugavares contre la vaste population monacale de l'Athos. La *Biographie* manuscrite presque contemporaine d'un prélat serbe, l'archevêque Daniel II, nous rapporte seulement qu'un des monastères de l'Athos, le grand couvent slave de Chilandari, transformé en forteresse, résista « pendant près de trois années au siège des Catalans, des Almuga-

vares, des Turkopoules et autres mercenaires
barbares à la solde de la Compagnie (1) »! La
défense fut dirigée par l'higoumène en personne, le futur archevêque Daniel. Pour
trouver assistance, l'énergique prélat finit
par s'évader nuitamment de sa forteresse et
courut chercher du secours auprès du grand
roi serbe Étienne Ourosch, qu'il rejoignit à sa
lointaine résidence de Skopia, l'Uskiub de nos
jours. Au retour, Daniel courut mille dangers,
et ce fut par miracle qu'il réussit à se glisser
dans son couvent toujours étroitement bloqué,
mais toujours aussi vaillamment défendu. La
famine s'y faisait cruellement sentir, et ce fut
encore par miracle, paraît-il, que les courageux
religieux réussirent à repousser définitivement
l'attaque de ces terribles étrangers. Le récit du
biographe anonyme décrit sous des couleurs
effrayantes tout ce que le pauvre couvent eut à
souffrir de ces sauvages attaques.

Ainsi « ces guerriers impies, ces hommes

(1) « *Frusi* (Francs), *Turki, Iasi* (Jasses) *se i Tatari, Moga-
vari se i Catalani.* »

sans religion, demeurèrent la terreur de la contrée pendant trois ans et trois mois (1) ». « Ce ne fut qu'à la suite de nouveaux et sérieux échecs contre les villes de Salonique et de Berrhæ, continue la *Biographie* du prélat serbe, qu'ils se décidèrent enfin à quitter notre sol, et que les malheureux moines de l'Athos purent respirer à nouveau. » Hélas! ce sont là tous les renseignements bien maigres que nous possédons sur cette troisième phase de l'expédition catalane et sur ce prodigieux épisode de moines grecs de l'Athos assiégés des années durant dans les saintes et agrestes solitudes de la Chalcidique de Macédoine par des aventuriers nés au versant des lointaines Pyrénées.

(1) La *Biographie* comprend certainement dans ce chiffre le séjour de la Compagnie en Thessalie et en Attique jusqu'à la bataille du lac Copaïs.

CHAPITRE VII

A Kassandreia même la situation était devenue peu à peu très mauvaise pour la Compagnie. Comme jadis à Gallipoli, toute la
contrée environnante se trouvait entièrement
épuisée par tant de razzias incessantes. La
grande expédition contre Salonique avait
échoué. Les Grecs, on l'avait appris par un
prisonnier, sur l'ordre du basileus Andronic, avaient élevé au passage de la route
de Thrace à Christopolis une puissante mu-

raille allant du rivage de la mer jusqu'au sommet des monts et défendue sur toute sa longueur par des postes fortifiés occupés par des forces nombreuses. Cette muraille coupait aux Catalans toute possibilité de retraite vers l'est, toute velléité de retour de Macédoine vers leurs anciens cantonnements de Thrace, ce qui avait été la première pensée de la Compagnie aux abois. Toujours sur l'ordre du basileus, de fortes garnisons sous des chefs éprouvés avaient en outre réoccupé la plupart des places de Macédoine qui avaient été abondamment pourvues de vivres. En vain Thibaut de Chepoy avait envoyé dès longtemps déjà le capitaine Guillaume Abadie avec le notaire Pierre de Meschines et Henri le Bourguignon au duc Guy d'Athènes pour obtenir que celui-ci prêtât son assistance à la Compagnie (1). En vain il avait fait acheter des chevaux à Athènes et du blé en Grande Vlaquie. Comme jadis à Gallipoli,

(1) On avait même envoyé Thomas de Tripoli jusqu'au delà du Taurus en ambassade au roi chrétien de Petite Arménie qui s'était déclaré l'ami de la Compagnie !

la position n'était plus tenable. Où la grande armée menacée ainsi de mourir de faim avec son immense train et ses auxiliaires turko-poules allait-elle trouver à nouveau une con-trée pour la nourrir grassement? L'embarras, la perplexité de Chepoy et des chefs étaient extrêmes. On s'ébranla enfin au printemps de l'an 1309. Remontant la côte de Chalcidique, évitant avec soin Salonique et sa forte gar-nison, les Catalans redescendirent ensuite rapidement vers le sud (1). Longeant le rivage thessalien, ils allèrent camper d'abord en plein pays de montagne, dans cette contrée reculée faite de hautes vallées aux mythologiques souvenirs qui environnent les sauvages som-mets de la chaîne géante de l'Olympe, du Pé-lion et de l'Ossa, limitrophe de la Thessalie (2).

(1) Nicéphore Grégoras raconte que les Catalans ne mirent que trois jours pour se rendre de Kassandreia au territoire de l'Olympe.

(2) Voici comment Nicéphore Grégoras s'exprime sur le départ des Catalans de Kassandreia : « Dans cette extrémité ils s'arrê-tèrent à une résolution qui semblait plutôt un acte de folie que d'audace; c'était de marcher en avant sans délai et avec la plus grande hâte, dans le dessein de subjuguer le pays de Thessalie, pays si fécond pour toutes les nécessités de la vie, ou même de

Ils s'arrêtèrent tout d'abord dans cette portion de la chaîne qui borne cette province vers le nord. Muntaner et les chroniqueurs grecs se bornent à mentionner ce séjour des Catalans au printemps de 1309 dans les fraîches vallées et les belles plaines de Thessalie, sans, hélas! entrer dans aucun détail. Par une fortune inespérée, dans cette disette extrême de documents sur ces circonstances à la fois si étranges et si obscures, nous possédons cependant quelques renseignements très précieux recueillis dans deux fragments historiques manuscrits que l'on doit à la plume d'un contemporain de ces événements, Thomas Magister, de nationalité byzantine. Ce personnage, connu aussi sous son nom monacal de Théodule (1), auteur de divers autres ouvrages, était un des conseillers les plus écoutés du basileus Andronic.

se porter sur quelques terres plus éloignées parmi celles qui s'étendent jusqu'au Péloponèse, et là de se faire un établissement fixe en mettant fin à leurs longues courses vagabondes; ou, comme seconde ressource, de conclure un armistice avec quelques-uns des peuples maritimes et d'obtenir ainsi la facilité de s'en retourner librement par mer dans leurs foyers. »

(1) « Theodoulos monachos. »

Les deux fragments historiques auxquels je viens de faire allusion sont conservés à la Bibliothèque nationale (1). L'un, sous la forme d'une lettre adressée au basileus Andronic, est un éloge ou plus exactement une « apologie » de ce glorieux et énigmatique chef byzantin Chandrenos que nous connaissons bien peu, mais que nous avons vu déjà défendre Salonique si courageusement contre les routiers espagnols et qui, durant le séjour de ceux-ci en Thessalie, eut, ainsi que nous l'apprend en son style trop ampoulé Thomas Magister, plusieurs rencontres heureuses avec eux. Cette « apologie » fait connaître quelques précieux détails tout à fait inconnus jusqu'ici sur le séjour des compatriotes de Muntaner en Macédoine comme au pied des cimes de l'Olympe (2). Le second de ces textes est encore une lettre,

(1) Fonds grec, n⁰ˢ 231 et 2629.

(2) Cet éloge de Chandrenos a été publié dans Boissonade, *Anecdota graeca e codicibus regiis*, t. II, p. 188 à 212; dans Buchon, *op. cit.*, p. 62 à 69; dans Migne, *Patr. gr.*, t. CXLV, p. 354 et suiv., et en espagnol par D. G. Sentiñon dans la *Revista de ciencias historicas*, n⁰ du 1ᵉʳ avril 1880.

écrite celle-ci par Thomas ou Théodule au philosophe Joseph, pour lui faire part des horreurs de l'invasion et de la dévastation de ces contrées par les Catalans et les Turkopoules. L'auteur nomme ceux-ci des « Italiens » à cause de leur origine sicilienne, ceux-là des « Perses » (1). Mais cette seconde épître, fort curieuse en elle-même, est bien moins importante pour notre sujet. Elle ne nous fournit, en effet, aucun fait nouveau. C'est une simple amplification en un style tragique autant que précieux, décrivant les horreurs commises en Thrace et en Thessalie par les Catalans, disant surtout les ruisseaux de sang, les montagnes de cendres laissés par eux comme souvenirs de leur passage. De nombreuses allusions à l'antiquité alourdissent encore cette lamentation en plusieurs pages où pas un seul détail original ne vient corriger la banalité de l'ensemble.

(1) Cette lettre à Joseph a été publiée dans Boissonade, *op. cit.*, t. II, p. 212 et suiv.; dans Migne, *op. cit.*, t. CXLV, p. 451 et suiv., et en espagnol par Rubio y Lluch, *op. cit.*, p. 17, 74 et suiv. Voyez encore Stamatiades, Οἱ Καταλάνοι ἐν τῇ Ἀνατολῇ, p. 99 à 101.

Dans l'éloge de Chandrenos, au contraire, nous trouvons, perdu dans un véritable océan d'éloquence prolixe presque insupportable, maint détail important. Chandrenos était tombé en disgrâce auprès de l'empereur. Son défenseur rappelle à celui-ci que, lorsque tous désespéraient à Byzance, après les victoires inouïes remportées par les Catalans de Gallipoli, après celle d'Apros surtout, Chandrenos, qui tant déjà s'était distingué contre les Turks en Asie, fut seul à ne pas perdre courage et à reprendre l'offensive contre la grande Compagnie. De même, lorsque ces terribles étrangers eurent été contraints plus tard de quitter la Thrace pour chercher des cantonnements moins dévastés, ce chef intrépide ne leur laissa, suivant son panégyriste, ni trêve ni repos à Kassandreia, relevant l'esprit guerrier des Byzantins, infligeant aux Catalans défaite sur défaite, multipliant les rencontres ou les simples escarmouches, leur faisant de nombreux prisonniers, leur tuant beaucoup de monde, leur enlevant un prodigieux butin. Sur tous ces faits, sur lesquels le bon moine Théodule ne nous fournit malheureusement aucun détail précis de date ou de localité, Muntaner et les chroniqueurs byzantins sont demeurés muets. En Macédoine, dit Théodule, les forces byzantines avaient été jusque-là sous le commandement d'un neveu de l'empereur qui semble bien avoir été un certain Ange Paléologue, stratopédarque, mentionné par Du Cange. Ce chef également intrépide, mal servi par des lieutenants insuffisants, ne réussissait pas à tenir tête aux envahisseurs étrangers. Il suffit de la venue de Chandrenos pour remettre les choses en état. « Les Catalans, dit notre écrivain, sans cesse harcelés, inquiétés et battus par lui, durent quitter leurs quartiers de Macédoine pour descendre plus loin vers le sud. »

Les Byzantins, en effet, si longtemps écrasés et comme anéantis par tant de défaites, s'étaient enfin retrouvés sous ce général audacieux. Ils recommençaient la lutte contre cette monstrueuse machine de guerre depuis tant d'années en marche à travers leurs plus belles provinces. Maintenant leurs contingents suivaient à la piste les terribles aventuriers. Leur chef, « ce fameux Chandrenos », dont nous savons, hélas! si peu, finit, semble-t-il, en bloquant de toutes parts les Catalans dans ces hautes vallées de l'Olympe et de l'Ossa, par les affamer de telle sorte, nous l'apprenons par le récit de Théodule, qu'ils se virent contraints, après avoir transformé cette contrée en un véritable désert de « Scythie », de se déplacer une fois de plus vers le sud. Muntaner nous fait ici bien cruellement défaut. Nous ne sommes plus du tout renseignés. Nous ne pouvons plus guère que deviner, car Théodule ne sort guère des généralités.

Les Almugavares étaient plus que jamais résolus à se frayer un chemin les armes à la main jusqu'à ce qu'ils pussent obtenir ou pacifiquement, ou par la violence, des demeures définitives en Thessalie, en Attique, ou, s'il le fallait, plus loin encore. Cette prétention, pour l'Attique surtout, semblait justifiée par la grande anarchie qui régnait en ces contrées depuis la mort du mégaskyr Guy de la Roche et l'avènement de son successeur Gautier de Brienne.

Vers la fin du printemps de l'an 1309, date fatidique, la Compagnie et ses auxiliaires turkopoules, toute cette foule guerrière en marche, toujours encore sous le commandement suprême, bien que nominal, de Thibaut de Chepoy, toujours serrée de près par les contingents de Chandrenos, toujours pillant et saccageant, franchit la cime des monts qui forment la frontière septentrionale de Thessalie. Puis, par le gracieux val de Tempé de mythologique mémoire qui dut rappeler à quelques-uns de ces soudards grossiers les riants vallons de leurs Pyrénées natales, ces milliers d'aventuriers errants pénétrèrent dans cette riche plaine de Thessalie qui constituait pour lors la portion la plus importante du sébastocratorat de Grande Vlaquie ou Mégalovlaquie. Leurs bandes débordèrent aussitôt sur cette belle contrée. Un peuple de routiers catalans et gascons traversant la plus poétique vallée de l'antiquité con-

sacrée au culte d'Apollon, où le dieu était venu
se purifier après avoir tué le serpent Python,
avant de retourner à Delphes, portant à la main
une branche de laurier, l'histoire a-t-elle souvent créé plus étrange contraste, produit pire
cacophonie?

Dans cette contrée fertile à l'excès, dans
cette vaste plaine aux riches moissons, de
toutes parts bornée par de hauts sommets, la
Compagnie trouva bon gîte, abondance de produits de toute nature; surtout les Espagnols
ne rencontrèrent aucune opposition matérielle
dans les localités où ils s'établirent en conquérants, incendiant et dévastant comme d'habi-
tude toutes les campagnes, respectant seulement les villes murées. C'est que le souverain
de ce pays, le sébastocrator Jean II l'Ange
Comnène, d'origine purement byzantine, mais
allié aux Francs, l'ancien pupille du mégaskyr
Guy II de la Roche, privé de ce puissant et
sage appui, livré aux influences opposées de
ses turbulents archontes, jeune homme inexpé-
rimenté, déjà fort malade de la maladie dont il

allait bientôt périr, entouré d'embûches que lui tendaient incessamment ses plus proches voisins : sa parente la despina Anne d'Arta et le basileus Andronic, sans troupes comme sans argent, ne pouvait leur opposer aucune résistance sérieuse. « Toutes les affaires de Thessalie, dit Nicéphore Grégoras, étaient à ce moment tombées dans un véritable état de torpeur par suite de l'extrême jeunesse de celui qui en avait le gouvernement, qui n'avait d'ailleurs jamais été habitué aux grandes affaires, et qui était de plus en proie aux souffrances d'une longue maladie et déjà sur le point de mourir et d'entraîner avec lui la ruine d'une puissance transmise jusqu'à lui par ses aïeux, revêtus tous de la dignité de sébastocrator. Peu de temps auparavant, il venait d'épouser Irène, fille naturelle du basileus Andronic, et n'en avait eu aucun enfant qui pût succéder à son autorité. Par suite de tout cela, les affaires, qui étaient déjà fort en désordre pour le présent, semblaient devoir tomber bientôt dans de plus grands troubles encore quand il s'agirait d'un successeur à cette autorité, car c'était encore une chose cachée dans les ténèbres que le nom de celui qui viendrait à la posséder. »

L'arrivée soudaine de ce torrent dévastateur dans ses États épouvanta ce pauvre prince, déjà brouillé avec son impérial beau-père dont il ne voulait pas se reconnaître le vassal. Incapable de résister à un aussi formidable ennemi, il préféra négocier avec Chepoy par l'entremise de son maréchal « Votomite » (1), pour tenter de calmer, puis d'éconduire si possible ces terribles envahisseurs. Une sorte de contrat fut signé entre ces deux personnages, plutôt une alliance pour défendre le jeune prince contre tous ses ennemis, en particulier contre les agressions toujours à redouter des pirates et contre les prétentions de Gautier de Brienne. Le nouveau duc d'Athènes, en effet, songeait à revendiquer la tutelle du jeune sébastocrator en qualité d'héritier du mégaskyr Guy II.

(1) Probablement un « Botaniates ».

On se jura donc amitié éternelle entre Catalans et Grecs thessaliotes. Naturellement cette alliance se résuma surtout en subsides considérables à payer par le sébastocrator à la Compagnie.

Ainsi les Catalans, redevenus sédentaires une fois de plus, s'installèrent dans ces riches cantonnements de Grande Vlaquie. La Compagnie passa en ces lieux l'été et l'automne de l'an 1309 et une partie de l'an suivant, prenant de force, selon sa coutume, ce qu'on ne lui accordait point de bonne grâce. Il avait été convenu que lorsque le secours des aventuriers ne lui serait plus nécessaire, le sébastocrator leur fournirait des guides pour les conduire dans les terres fortunées de Béotie et d'Attique, où ils comptaient bien se procurer, fût-ce de force, un établissement définitif.

Chepoy, devenu presque aussi ambitieux que Rocafort, continuait à intriguer de tous côtés. Il jetait à la fois les yeux sur la Thessalie, sur l'île d'Eubée, sur le riche duché d'Athènes. Il intriguait alternativement pour ou contre Bel-

letto Falier, le nouveau baile vénitien de Négrepont, auquel il faisait offrir alliance contre Byzance, pour ou contre le nouveau mégaskyr
Gautier de Brienne. Tout ce va-et-vient de
négociations louches fut subitement arrêté par
un nouveau coup de théâtre aussi imprévu,
aussi dramatique que les précédents.

Chepoy, ayant probablement fini par se convaincre que jamais il n'arriverait à rien par
l'entremise d'une troupe aussi indisciplinée
que la Compagnie, se décida très subitement,
nous ignorons malheureusement dans quelles
conditions précises, à séparer son sort de celui
des Catalans et à renoncer du même coup à toute
action en Orient au nom de Charles de Valois.
Il se rendait enfin compte un peu tard qu'en
passant son temps à faire des razzias en pays
ami, à piller et à saccager les campagnes de
Thessalie après celles de Thrace et de Macédoine, il n'arriverait jamais à attirer à son maître
les sympathies des Grecs. Nous ne possédons
aucun indice sur les raisons qui hâtèrent sa
résolution. Un fait seul nous est connu avec

certitude, c'est qu'il s'enfuit secrètement un beau jour, faussant compagnie à ses incommodes alliés pour regagner en hâte sa lointaine patrie! Le 29 avril 1310 déjà on le retrouve aux environs de Senlis! Profondément dégoûté des vaines et inutiles intrigues grecques parmi lesquelles s'étaient écoulés pour lui tant de mois pénibles, agités confusément par tant d'intérêts contraires, il courut de là retrouver avec joie ses grands fiefs napolitains de Belvédère, de Corigliano et autres à lui donnés par Charles II d'Anjou, préférant résolument cette vie nouvelle à ces éternelles querelles avec la Compagnie, à tant de cruelles ou tragiques aventures, à tant de négociations infructueuses avec les divers potentats de Romanie.

On juge de la stupeur que produisit ce départ clandestin parmi la petite armée espagnole demeurée ainsi définitivement sans chef, comme décapitée. Tous les grands capitaines des Almugavares avaient successivement péri. Le dernier venait d'avoir recours à un départ clandestin pour fausser compagnie aux Almugavares au plus périlleux moment de leur interminable odyssée! Alors se passa un drame plus affreux que tous les précédents. Une sorte de fureur folle, comme celle qui parfois saisit les grands troupeaux assemblés et les fait se ruer sur quelque adversaire imaginaire, s'empara des Catalans à la nouvelle de la disparition de Chepoy. Aveuglés par la crainte stupide d'une trahison, les aventuriers se jetèrent en masse sur leurs officiers qui n'en pouvaient mais. En un clin d'œil les quatorze chefs ou capitaines de Compagnie qui jadis avaient livré Rocafort à son mortel ennemi tombèrent égorgés à coups de lance!

Après cette épouvantable exécution, les esprits s'étant enfin calmés, d'accord avec le Conseil supérieur des Douze, on remit la direction suprême de la Compagnie à quatre chefs élus au suffrage universel, deux chevaliers, un Almugavare de marque et un « adalil ». Les Catalans se trouvaient de ce fait constitués plus que jamais en une république ambulante de routiers, en un régiment de proie en marche.

Ce fut naturellement la malheureuse Thessalie
qui continua d'abord à souffrir d'eux horrible-
ment. Nicéphore Grégoras dit que « les Catalans parcouraient et dévastaient tout ce pays
avec l'impétuosité d'un incendie ». Chaque
bande allait piller et ravager de son côté. Des
détachements marchant toujours plus vers le
sud s'avancèrent à travers les régions tourmentées de la Phocide et de la Doride jusqu'aux
beaux rivages du golfe de Lépante, saccageant
les terres du comté de Salone où régnait depuis
la quatrième croisade une dynastie de seigneurs
francs, les Stromoncourt, vassaux des mégaskyrs. Leur petite capitale, Salone, l'antique
Amphissa, gracieusement blottie au pied des
monts où se cache Delphes dans son amphi-
théâtre merveilleux, fut pillée par ces bandits.
Nous apprenons ensuite par une *Chronique*
relativement récente trouvée et publiée il y a
quelques années (1) que les populations grecques riveraines du golfe et les habitants des

(1) SATHAS, Χρονικὸν ἀνέκδοτον Γαλαξειδίου, p. 204-205.

villes de Galaxidi, Lidorikion et Lépante, ou plus probablement les seuls Galaxidiotes, soulevés au nombre de trois mille combattants, sous la direction d'un certain « seigneur André(1) », sur l'ordre du basileus, pour combattre ces envahisseurs, firent éprouver à ces incorrigibles pillards deux échecs sérieux. Richement récompensées par les généraux impériaux, ces milices rentrèrent dans leurs cités respectives; mais comme le basileus ne les avait pas fait suffisamment soutenir, Salone et toutes les villes de la région finirent, elles aussi, par tomber aux mains des soldats d'Aragon (2). La *Chronique* de Galaxidi n'en dit, hélas! pas davantage.

Le faible sébastocrator et ses conseillers, voyant leurs villes brûlées, leurs campagnes

(1) Κύρ Ἀνδρέας. « Chandrenos? » dit Hopf. Sans cela on pourrait songer à l'amiral génois André ou Andriolo Murisco.

(2) « Cette chronique de Galaxidi, dit Hopf, contient certainement de nombreuses inexactitudes; ainsi à ce moment Lépante appartenait aux Angevins et Lidorikion à Jean II l'Ange. Cependant le souvenir des affreux ravages exercés par les Catalans en Thessalie peut s'être conservé durant des siècles sous cette forme. »

saccagées, leur trésor vide, ne savaient plus à quel saint se vouer, comment se débarrasser de ces hôtes affreux. C'est à ce moment qu'un nouvel acteur, entrant brusquement en scène, vint subitement modifier une fois de plus la marche des événements.

La mort du duc d'Athènes, Guy de la Roche, décédé sans laisser de postérité dans l'automne de l'an 1308, avait fait passer la couronne des mégaskyrs au front de son cousin et demi-frère l'héroïque Gautier de Brienne, issu de l'illustre, famille qui avait fourni déjà tant de héros aux guerres des Francs en Italie et en Orient. Fils de Hugues de Brienne et d'Isabelle de la Roche, marié à Jeanne de Châtillon, Gautier se trouvait en France au moment de la mort du duc Guy II dont il héritait. Parti aussitôt, il débarqua en Grèce au commencement de l'an 1309. Il devait être le dernier mégaskyr de race française.

Lorsque les Catalans qui occupaient depuis plus d'un an la Thessalie, attirés par la richesse

des contrées plus méridionales, eurent repris
leur mouvement vers le sud et menacé la Phocide et la Béotie, l'imprudent jeune prince songea de suite à faire servir ces bandes redoutables à la réalisation des rêves ambitieux qu'il
nourrissait en son âme ardente. Il avait fait ses
premières armes dans les guerres italiennes.
Longtemps il avait été le prisonnier des Espagnols à Agosta de Sicile, où il avait été envoyé
comme otage par son frère. Il avait eu l'occasion
de s'y familiariser avec leur langue et leurs coutumes et de s'y faire aimer d'eux. C'était un
brillant cavalier, de bouillante et intrépide nature, véritable type du chevalier latin, du chef
féodal toujours prêt à jouer sa vie et l'existence
de ses sujets sur le plus fol espoir de quelque
séduisante et romanesque conquête. Il était arrivé de France à Athènes la tête pleine de projets grandioses, rêvant tout comme un autre
l'éclatante conquête de Constantinople et du
trône chancelant des basileis, ce fruit mûr, en
apparence tout prêt à tomber aux mains du premier audacieux qui d'une main ferme voudrait

le saisir. Avant tout il prétendait en qualité de successeur du duc Guy à la tutelle de cette malheureuse principauté de Thessalie ou Grande Vlaquie et de son jeune sébastocrator, proie misérable aujourd'hui aux mains des Catalans. Mais cette prétention qui équivalait à la possession réelle de cette contrée était disputée au jeune mégaskyr à la fois et par l'intrigante princesse régente d'Épire ou despina d'Arta et par le plus lointain basileus de Constantinople, tous deux se posant en protecteurs de Jean II l'Ange, ne songeant en réalité qu'à le dépouiller chacun à son profit.

La situation de Gautier de Brienne, mise en péril par son excessive ambition, était devenue presque aussitôt fort critique. Le nouveau mégaskyr pouvait, il est vrai, compter sur le secours des Angevins de Naples et de leurs vassaux, les puissants barons francs du Péloponèse, avec lesquels il entretenait des relations excellentes ; mais ses forces propres étaient peu considérables. Les troupes de la despina et du basileus, au contraire, étaient nombreuses en ces régions. Venise, d'autre part, voyait de mauvais œil les négociations du duc avec les Catalans. Elle nourrissait d'ailleurs contre lui de nombreux autres griefs (1).

Gautier crut néanmoins faire un coup de maitre en prenant à sa solde cette fameuse Compagnie pour mieux combattre les Grecs. Voici le court récit de Muntaner : « Lorsque le comte de Brienne fut parvenu au duché, le despote d'Arta le défia, ainsi que l'Ange, seigneur de la Vlaquie, et l'empereur lui-même, de manière que chacun d'eux lui donnait fort à faire. Il envoya donc ses messagers à la Compagnie, promettant, si elle venait à son aide, de lui payer sa solde de six mois et de leur continuer ensuite la même solde, c'est-à-dire quatre onces par mois pour chaque homme de cheval bardé, deux par cheval armé à la légère et une once par homme de pied; et de cela ils en firent un traité, et les chartes en furent jurées de part et d'autre (2). »

(1) Dès que Gautier eut signé un traité formel avec les Catalans, Venise rompit définitivement avec lui.

(2) Muntaner fait erreur en disant que ce traité fut conclu déjà à Kassandreia. Insuffisamment renseigné, il ne consacre au long

La Compagnie était à ce moment tout à fait brouillée avec le sébastocrator. Elle accepta résolument les offres du mégaskyr. Le sébastocrator, enchanté de voir déguerpir de pareils hôtes, leur fournit des subsides, des vivres, des guides surtout pour franchir les difficiles chemins de la montagne qui conduisaient de Thessalie dans la Grèce propre. L'invitation formelle d'entrer à son service fut portée à la Compagnie de la part de Brienne par le chevalier Roger Deslaur.

Ce fut sous les plus riants auspices que les Almugavares, abandonnant au printemps de l'an 1310 leurs cantonnements épuisés de Thessalie, prirent par la route grandiose et classique des défilés de l'Othrys, des célèbres Thermopyles de Bodonitza et des monts de Locride, la route de la Béotie. La Compagnie s'arrêta à Thèbes, la ville fameuse de Cadmus,

voyage de la Compagnie depuis cette ville jusqu'aux plaines du Copaïs que ces courtes lignes : « Là-dessus la Compagnie partit de Kassandreia et se rendit en Morée, après avoir souffert de grands maux en traversant la Vlaquie, qui est le plus redoutable pays du monde. »

devenue la seconde résidence des mégaskyrs d'origine franque. Elle y établit son camp principal. Comme les sauterelles cherchant de nouvelles plaines à dévorer, les Almugavares se répandirent dans les fertiles campagnes de Béotie. Gautier leur avait fait un pont d'or.

Le duc d'Athènes se doutait peu qu'en attirant chez lui ces terribles voyageurs, il venait par cette démarche fatale de signer son arrêt de mort à bref délai. Je passe rapidement sur les préliminaires du drame final qui devait coûter la vie au jeune mégaskyr et à presque toute la chevalerie franque de Grèce, de Morée et de l'Archipel, héritière des grands croisés de 1204, catastrophe suprême qui devait marquer un point tournant à la fois dans l'histoire des principautés latines de Morée et d'Attique qu'elle allait détruire et dans celle de la Compagnie catalane qu'elle allait fixer définitivement en Orient, faisant de ces routiers errants les souverains réguliers et presque séculaires d'une des plus vieilles capitales du monde.

On avait juré le traité de part et d'autre solennellement. Le mégaskyr avait fait à la Compagnie le plus chaud accueil. D'abord tout alla bien entre Brienne et ses nouveaux alliés. Gautier donna deux mois de solde d'avance aux Catalans qui commencèrent à combattre partout les ennemis de celui-ci. On conçoit qu'avec de tels auxiliaires et sa propre chevalerie Gautier put aisément lutter contre les contingents impériaux et épirotes qui, sous prétexte de porter aide au sébastocrator, avaient occupé la Thessalie méridionale et voulaient barrer la route au mégaskyr. En six mois, à la suite de combats sur lesquels nous ne possédons malheureusement aucun détail, toute cette contrée fut regagnée, ville après ville, château après château. Zeitouni ou Zitouni, Demetrias, Domokos, Armyros, Lade furent conquises, et l'ennemi partout repoussé. « Que vous dirai-je? s'écrie Muntaner, en peu de temps ils eurent nettoyé toute la frontière des ennemis du comte, si bien que chacun rechercha avec grande joie à faire paix avec le comte, et le comte recouvra plus de trente châteaux qu'on lui avait enlevés,

et il traita honorablement avec l'empereur, avec
l'Ange et avec le despotat. Cela fut fait dans
un intervalle de six mois. » Un document conservé à Venise, qui nous fournit une date pré-
cieuse, nous apprend que le 6 juin 1310 le duc
Gautier et la Compagnie campaient sous
Zeitoun, aujourd'hui Zitouni.

Le basileus et la despina d'Épire demandèrent
à traiter. Alors de suite les choses se gâtèrent.
Tant de rapides succès avaient tourné la tête à
Brienne. Il chercha à jouer ses nouveaux alliés
et à les renvoyer sans les payer. « Le comte,
dit Muntaner, n'avait encore remis à la Compagnie que deux mois de solde pour ses six
mois de parfaits services. Et quand il vit qu'il
avait la paix avec tous ses voisins, il conçut un
mauvais dessein, c'est à savoir qu'il chercha
comment il pourrait faire périr la Compagnie (1).

(1) « Muntaner, dit avec raison Buchon, n'écrit plus ici que sur
des relations qui ui ont été faites, et non sur ce qu'il a vu. Il
est fort bien informé sur les faits essentiels, mais se trompe probablement sur les vrais motifs qui amenèrent la guerre entre
Brienne et les Catalans. Nicéphore Grégoras est un guide plus sûr
dans les détails. Celui-ci semble indiquer que le véritable motif de
la brouille entre Brienne et les Catalans fut le refus que le duc

Il choisit jusqu'à deux cents hommes de cheval, les meilleurs de l'armée, et environ trois cents hommes de pied; et ceux-là, il les mit de sa maison, leur donna franchement et quittement des terres et possessions, et quand il crut se les être bien assurés, il ordonna aux autres de s'éloigner de son duché. Ceux-ci lui répondirent qu'il eût à leur donner leur solde pour le temps pendant lequel ils l'avaient servi; et il leur répondit qu'il leur donnerait un gibet. Et, en attendant, il avait fait venir, soit de la terre du roi Robert, soit de la principauté de Morée, soit de tous les pays environnants, bien sept cents chevaliers français. Quand il les eut tous réunis, il rassembla également vingt-quatre mille Grecs, hommes de pied de son duché; et alors en bataille rangée il marcha sur notre armée. »

opposa à ceux-ci malgré leurs vives instances de leur donner passage sur ses terres pour aller s'établir où bon leur semblerait plus au sud. Le même chroniqueur insiste sur l'attitude hautaine et injurieuse de Brienne vis-à-vis de la Compagnie. Tout l'automne et l'hiver, le mégaskyr s'occupa de réunir ses forces pour les combattre au printemps suivant. »

24

En réalité, le mégaskyr, brouillé avec la Compagnie et craignant pour son duché les affreux ravages classiques des Catalans et de leurs auxiliaires turkopoules, cherchait, comme jadis le basileus Andronic, à débarrasser sa terre de l'obligation écrasante d'entretenir une aussi nombreuse et incommode troupe si imprudemment attirée. Mal lui en prit, malgré ses immenses préparatifs militaires. La Compagnie, retirée à nouveau en Thessalie qu'elle traita comme toujours en pays conquis, déclara sa résolution de repousser la force par la force. Tout l'hiver de 1310 à 1311 se passa en préparatifs guerriers. Chaque jour les Catalans, fatigués par tant de misères supportées depuis tant d'années sur toutes les poudreuses routes d'Europe et d'Asie, jetaient davantage des regards d'envie sur les richesses d'Athènes, sur les belles campagnes de Béotie.

Bref, très rapidement les choses en vinrent à une rupture complète. Une guerre terrible éclata menaçante pour les chevaleresques principautés franques d'Attique et de Morée. Dans ce grand péril commun, Gautier de Brienne, mégaskyr d'Athènes, régent du sébastocratorat de Grande Vlaquie, baile de la principauté de Morée pour les rois angevins, fit appel à tous les barons francs, ses voisins et ses alliés. Tous répondirent à ce cri d'alarme, et la noblesse franque d'Achaïe, fidèle aux encouragements du roi Robert de Naples, celle aussi de la Grèce continentale, les nombreux seigneurs d'origine italienne d'Eubée et des îles de l'Archipel, tous les vassaux moréotes de la couronne de Naples, vinrent se ranger sous sa bannière à côté de la chevalerie d'Attique, tous sentant bien qu'en face de ces hordes barbares, de ces bandes redoutables, de ces guerriers espagnols incomparables, de ces parfaits cavaliers turks, aguerris par mille combats, l'heure suprême avait sonné !

Tous les barons d'Eubée, sauf un, Georges Ghisi, seigneur des îles de Tinos, Mykonos, Kéos et Sériphos, tiercier de Négrepont, Boniface de Vérone, également tiercier, le margrave Albert de Bodonitza, qui commandait aux Thermopyles, Thomas de Stromoncourt, seigneur de Salone, Antoine le Flamenc, sire de Karditza, Rainald de la Roche, sire de Damala, d'innombrables autres chevaliers, accoururent avec leurs vassaux, impatients de combattre en bataille rangée ces aventuriers odieux, ces pseudo-Francs qui osaient porter un œil de convoitise sur l'héritage des La Roche, des Brienne, des Villehardouin. L'armée du mégaskyr compta bientôt sept cents chevaliers d'élite, dont deux cents aux éperons d'or, six mille quatre cents hommes de cheval et huit mille hommes de pied, « la meilleure chevalerie d'Europe », s'écrie orgueilleusement Muntaner.

Brienne, sûr de la victoire, voyant déjà poindre à l'horizon de ses désirs la couronne dorée des basileis de Constantinople, contemplait avec fierté sa magnifique armée. Un mécompte lui survint cependant. Il avait bien compté conserver le petit corps de cinq cents Catalans trié soigneusement par lui. Mais il lui en fallut décompter.

« Quand les deux cents hommes à cheval

catalans et les trois cents hommes de pied virent que tout cela était sérieux, ils allèrent tous ensemble trouver le comte et lui dirent : « Seigneur, ici sont nos frères, et nous voyons « que vous voulez les détruire à tort et à grand « péché; c'est pourquoi nous vous déclarons « que nous voulons aller mourir avec eux. Et « ainsi nous vous défions et nous nous déga- « geons envers vous. » Et le comte leur dit qu'ils s'en allassent à la male heure et que cela était bon qu'ils mourussent avec les autres. Et alors tous réunis allèrent se confondre avec le reste de la Compagnie et se disposèrent tous au combat. »

Le gant était jeté. Quittant leurs récents cantonnements de Thessalie, franchissant à nouveau les Thermopyles fameuses en ces paysages tant de fois célébrés, les Catalans, entraînant derrière eux leurs femmes et leurs enfants avec leurs innombrables bagages, sou- levant une immense poussière, marchèrent à la rencontre du mégaskyr et de sa belle armée. L'heure était solennelle. On se sentait à la veille d'une crise terrible. Outre la soif de se venger du déloyal mégaskyr, il y allait pour les Catalans de leur existence même. Le désir ardent d'en finir avec cette vie errante de tant d'années, de se fixer enfin dans quelque contrée fertile et heureuse, l'espoir d'échanger définitivement contre les campagnes d'Attique et de Béotie le désert qu'ils avaient laissé en Thrace et en Macédoine, tous ces motifs réunis surexcitaient les passions de cette nation de *condottieri* en marche. De même, tous en Grèce comprenaient qu'il y allait de l'existence des principautés franques déjà séculaires issues de la quatrième croisade. Et puis, dans cette grande plaine de Béotie, les mêmes adversaires, divisés par une haine aveugle, allaient se heurter une fois de plus qui avaient si longtemps lutté furieusement en Sicile comme dans le Napolitain. Les routiers d'Aragon, de Navarre et de Catalogne allaient combattre à nouveau les chevaliers français, les soldats angevins ; car c'était la Grèce franque tout entière qui se levait à cette heure pour repousser l'invasion étrangère, non seulement les vassaux du duc d'Athènes, mais toute la chevalerie de la Grèce continentale et du Péloponèse vassale du roi Robert de Naples. Tous ces grands noms de la conquête féodale et médiévale en Grèce, princes de la terre ferme et de l'Archipel, accouraient se grouper sous la bannière de Brienne contre l'ennemi héréditaire tout souillé encore du sang des Vêpres siciliennes.

Les deux armées se rencontrèrent à l'entrée de la belle plaine de Thèbes de Béotie, à peu de distance du Céphyse qu'avaient franchi les Catalans, sur les bords du vaste marais connu sous le nom de lac Copaïs, aujourd'hui desséché depuis peu. « Les Catalans, dit Nicéphore Grégoras, étaient au nombre de trois mille cinq cents hommes de cheval et trois mille de pied, plus un grand nombre d'archers habiles choisis parmi les captifs qu'ils avaient faits en Thessalie, en Thrace et en Macédoine. » Les Espagnols étaient donc bien moins nombreux que leurs adversaires. Une cruelle déception les avait encore frappés. Pour la

première fois, leurs fameux auxiliaires turks
et turkopoules, sous le commandement des
émirs Melek et Khalyl, si longtemps fidèles à
leur bannière, revenant à une coutume singulière de leurs armées, se montrèrent les purs
bandits pillards qu'ils étaient effectivement.
« Ils allèrent, dit Muntaner, se réunir dans un
lieu voisin, ne voulant point se mêler avec la
Compagnie, s'imaginant que cela ne se faisait
que par un accord des uns avec les autres et
pour les détruire (1); et ainsi tous voulurent se
tenir ainsi agglomérés pour voir ce qui allait se
passer. » En réalité, ces cavaliers infidèles,
ignorant à qui serait la victoire, tenaient à ne
pas se compromettre avant l'issue, préférant
attendre dans une honteuse neutralité, pour
ensuite se joindre au vainqueur et réclamer à
ses côtés la part du pillage.

« La Compagnie, dit Muntaner, fit du marais
du Copaïs un bouclier. » De son côté, Nicéphore Grégoras raconte ceci : « Dès qu'il fut

(1) A cause de leur religion.

annoncé aux Catalans que l'ennemi s'approchait, ils labourèrent tous le terrain où ils
avaient résolu de livrer bataille; puis, creusant
à l'entour et y amenant des cours d'eau tirés
du fleuve, ils arrosèrent copieusement cette
plaine de manière à la transformer pour ainsi
dire en un marais et à faire chanceler les chevaux dans leur marche par la boue qui s'atta-
cherait à leurs pieds, et dont ils ne pourraient
qu'avec peine se dégager. »

Les Catalans étaient passés maîtres en fait
de stratégie médiévale. Les chevaliers francs,
armés et montés à l'occidentale, attirés par
ruse dans des terrains fangeux où trébuche-
raient et rouleraient leurs chevaux sitôt épuisés, allaient succomber en foule sous l'épieu et
l'épée des gens de pied.

Les deux armées se rencontrèrent le
13 mars 1311, date funèbre dans l'histoire des
Principautés franques de la Grèce continentale, non loin des marais et des gouffres ou
« katavothra » du lac Copaïs. Les Catalans,
qui étaient un contre deux, s'étaient retranchés

sur la rive droite du Céphyse, et leurs retranchements joints à leurs travaux de distribution des eaux avaient transformé l'espace qui séparait les deux armées en un immense marais. Ce fut à travers cette boue profonde que les chevaliers aux éperons d'or de Gautier de Brienne, trompés par cette plaine couverte d'un si beau vêtement de verdure, ne soupçonnant rien de ce qui avait été fait, poussant leur cri de guerre, chargèrent l'ennemi sur leurs lourds chevaux caparaçonnés de mailles. Les gens de pied couraient derrière eux. Ici, comme plus tard à Crécy, à Poitiers, à Nicopolis, à Azincourt, cette folle ardeur de la noblesse franque fut la cause d'un immense désastre. À la tête de cette magnifique chevalerie, véritable modèle d'armée médiévale, se précipitait Gautier de Brienne, précédé de sa bannière au lion d'or sur champ d'azur semé d'étoiles d'argent. Les Catalans, les Aragonais à pied, tous ces vulgaires et obscurs héros vainqueurs de tant de luttes, maniant des deux mains leur lourde épée, attendaient en rangs pressés, soldat contre soldat, le choc effrayant de cette superbe cavalerie. Le sol tremblait sous ce galop formidable. Les chevaux, lourdement armés, enfoncèrent à mi-jambes, chancelèrent, puis roulèrent sur cette terre grasse profondément détrempée. Les cavaliers démontés se remuaient avec peine dans cette fange. Bientôt les premiers rangs furent renversés en entier. Les autres culbutèrent par-dessus. Soudain on vit s'abattre la bannière des mégaskyrs. Gautier de Brienne, percé d'une flèche qui lui troua la gorge, tomba mort auprès d'elle. Ce fut le signal de la déroute et du massacre!

Couvrant d'abord de traits les malheureux guerriers francs, les Catalans, l'épée, l'épieu ou la lance au poing, se ruèrent sur les cavaliers démontés. En même temps les Turks et les Turkopoules qui regardaient de loin le combat, voyant de quel côté allait être la victoire, brochant des éperons, bondirent à leur tour sur les Francs affolés. Le carnage fut horrible. Toute cette cavalerie enfoncée dans la boue, paralysée par ses vêtements de fer, fut égorgée sans pouvoir se défendre. Là périrent les chefs illustres des plus grandes baronnies de Morée, d'Attique et de l'Archipel; là tombèrent : Georges Ghisi, seigneur des îles et tiercier d'Eubée, Albert Pallavicini, marquis de Bodonitza, sextier d'Eubée, Thomas III de Stromoncourt, comte de Salone, Raymond de la Roche, tous deux les derniers de leurs illustres maisons, le sire de Karditza et son fils, presque tous les derniers descendants enfin de ces nobles aventuriers qui jadis avaient conquis la Grèce et le Péloponèse, sous la bannière des Villehardouin, des Champlitte et des La Roche. Un bien petit nombre qui eurent la vie sauve demeurèrent prisonniers des Catalans (1).

(1) Muntaner dit, très probablement avec exagération, que « Dieu, qui en tout temps aide au bon droit, aida si bien la Compagnie que de tous les sept cents chevaliers, il n'en échappa que deux, Boniface de Vérone, sire de Karystos, tiercier d'Eubée, qui était fort prud'homme et loyal, et avait toujours aimé la Compagnie, et messire Roger Deslaur, un chevalier du Roussillon, qui avait été envoyé plusieurs fois en message auprès de la Compagnie et avait signé avec elle le pacte au nom du mégaskyr. Tous deux demeurèrent prisonniers des Catalans. » Muntaner ajoute, non sans exagération également, que « des gens de pied du duc d'Athènes il en mourut plus de vingt mille ».

Telle fut la bataille du Céphyse au premier printemps de l'an 1311, dont le souvenir confus persiste encore parmi les rudes populations des bords du grand lac Copaïs et qui marqua le dernier jour du glorieux duché français d'Athènes. Les Turkopoules coupèrent la tête de Gautier de Brienne et l'emportèrent en triomphe. Son corps, placé sur une galère drapée de noir, fut transporté trente-sept ans plus tard à Brindisi et de là à Lecce, où il fut solennellement enterré dans l'église de Santa Croce. Plus tard on lui fit, à côté de l'autel, un somptueux monument.

Ce fut un immense, un complet désastre. « La Compagnie, dit Muntaner, s'empara du champ et gagna avec sa bataille tout le duché d'Athènes. » La brillante armée du brillant mégaskyr n'existait plus. Son beau duché tomba instantanément aux mains du brutal vainqueur. Jeanne de Châtillon, la veuve du mégaskyr, voyant que tout était perdu, quitta précipitamment ses États avec son petit-fils mineur, le duc Gautier II, et les bandes victorieuses, gorgées d'un royal butin, se ruant furieusement à travers la Béotie et l'Attique, saccagèrent Thèbes, puis Athènes, de telle sorte qu'aujourd'hui encore l'épithète de « Catilano » est, dit-on, pour les Athéniens la plus mortelle injure. « L'orgueil des Latins, s'écrie Villani, cette terre florissante et riche fut saccagée et dévastée par les routiers catalans sans frein comme jamais pays au monde. »

Les vainqueurs, arrivés ainsi aux limites de la Grèce continentale, ne trouvant plus rien à piller devant eux, se fixèrent avec ivresse en ces belles contrées de la Béotie et de l'Attique où aucun adversaire ne pouvait plus leur faire ombrage, où la mer les protégeait de trois côtés. Un duché nouveau fut constitué sur les ruines de l'ancienne souveraineté des La Roche et des Brienne, sous la suzeraineté des princes d'Aragon ! Ainsi se terminèrent dix années de marches héroïques, des rives de Marmara aux pentes du Taurus, de la presqu'île de Gallipoli à l'Acropole d'Athènes !

La chevalerie franque en Grèce s'éteignit. Du sanglant champ de bataille les vainqueurs avaient marché d'abord sur Livadia. Les Grecs qui s'y trouvaient ouvrirent volontiers leurs portes. Ils furent en conséquence admis au nombre des Francs et gratifiés à cette occasion de diplômes scellés du sceau de saint Georges. Ils se virent, chose curieuse, contraints de s'administrer « d'après les coutumes de la ville de Barcelone » qui devinrent la loi pour les habitants et les bourgeois du nouveau duché! Tout fut nivelé. La langue française fit place au dialecte catalan vulgaire. Ce fut dans cette langue que furent rédigés les documents, les capitulations de la Compagnie. Après que Thèbes et la Cadmée eurent également succombé, les vainqueurs, résolus à se fixer à jamais dans cette contrée, se partagèrent entre eux les fiefs des chevaliers tombés, tandis qu'ils abandonnaient aux Turks les chevaux et les armes prises. Ils épousèrent les femmes et les filles des nobles francs. « Alors, dit orgueilleusement Muntaner, ils se distribuèrent entre eux la ville de Thèbes, ainsi que toutes les villes et les châteaux du duché, et donnèrent les femmes en mariage à ceux de la Compagnie; et à chacun, selon qu'il était homme notable, ils lui donnaient si noble dame qu'ils n'auraient pas dédaigné de lui présenter l'eau à laver les mains. De cette manière ils assurèrent leur position et arrangèrent si bien leur nouvelle existence que, s'ils veulent continuer à se conduire avec sagesse, eux et les leurs y recueilleront honneur à jamais. »

« Ainsi, s'écrie de son côté Nicéphore Grégoras, comme dans un jeu de dés, la fortune ayant tout à coup changé, les Catalans devinrent maitres de la seigneurie d'Athènes et mirent fin à leurs longues courses vagabondes, et jusqu'à aujourd''nui ils n'ont pas discontinué d'étendre de plus en plus les limites de leur seigneurie. »

Depuis le départ de Chepoy, la question s'était chaque jour posée qui serait le chef de la Compagnie. Elle se posait bien plus maintenant que, par la suite des circonstances, celle-ci allait, dans ces contrées nouvellement conquises par elle, se trouver entourée de beaucoup d'ennemis. Tous les grands chefs étant morts ou disparus, il ne s'en trouvait aucun parmi les Catalans auquel ceux-ci eussent consenti volontiers à accorder le premier rang. Quant au régime républicain adopté au départ de Chepoy, il convenait tant qu'on marchait devant soi à l'aventure, mais n'était plus possible quand il s'agissait d'édifier un véritable État durable. Or, on s'était déjà accoutumé sous Chepoy à obéir aux ordres d'un chef étranger. On s'adressa donc pour lui offrir le commandement suprême à Boniface de Vérone, le propre prisonnier de la Compagnie. Comme celui-ci refusa, on choisit un autre captif, Roger Desiaur, qui accepta et fut en conséquence nommé gouverneur provisoire du duché d'Athènes. Il épousa aussitôt la veuve de Thomas III de Stromoncourt, qui lui apporta, ce premier mari étant mort sans enfants, tout le comté de Salone avec le château du même nom, plus une bonne partie de la Phocide. De l'an 1311 jusqu'à la fin de l'an 1312, Roger demeura à la tête de la Compagnie et du nouveau duché.

Pour ce duché, le départ des Turks et des Turkopoules, la portion la plus sauvage de l'armée catalane, fut un bonheur. Muntaner a longuement raconté cette séparation : « Les Turks et Turkopules, dit-il, voyant que dorénavant la Compagnie tenait à ne plus s'éloigner du duché d'Athènes, et ayant un butin immense, dirent qu'ils voulaient s'en aller. Les Catalans leur dirent qu'ils leur donneraient trois ou quatre endroits du duché, ou plus encore, là où il leur serait le plus agréable, et qu'ils les priaient de vouloir y rester auprès d'eux. Mais ceux-ci répondirent que pour rien au monde ils ne consentiraient à s'y fixer, et que, puisque Dieu leur avait fait du bien et que tous étaient riches, ils voulaient s'en retourner au royaume d'Anatolie et près de leurs amis. Ainsi ils se séparèrent, en grande affection et concorde les uns pour les autres, et se promirent mutuellement'aide en cas de besoin. Ils s'en retournèrent donc en toute sécurité et à petites journées à Gallipoli, mettant à feu et à sang tout ce qui se présentait à eux, et ne crai-

gnant pas que qui que ce soit leur fît obstacle,
après l'état dans lequel les Catalans avaient
réduit l'empire. Et lorsqu'ils furent à la Bouche
d'Avie, dix galères génoises vinrent à eux pour
traiter avec eux de la part de l'empereur, et
leur offrirent de leur faire passer le détroit de
la Bouche d'Avie, qui n'a pas dans cet endroit
plus de quatre milles de largeur. Alors ils firent
leurs arrangements avec les Génois, et les
Génois leur jurèrent sur les saints Évangiles
de les transporter sains et saufs au delà du
détroit de la Bouche d'Avie, qui, comme je
viens de le dire, n'a pas là plus de quatre.
milles de largeur. A un premier embarquement
ils transportèrent tout ce qu'il y avait de la plus
menue gent. Et quand les notables hommes
eurent vu qu'on avait bien effectué ce passage
de leurs gens, ils entrèrent eux-mêmes dans
les galères. Et lorsqu'ils furent dans les galères,
dès leur entrée on ôta leurs armes, car il avait
été convenu d'avance que les Turks livreraient
leurs armes aux Génois; et les Génois mirent
toutes les armes en une galère. Puis, lorsque

les Turks furent tous embarqués sur les galères et se trouvèrent sans armes, les gens de mer se précipitèrent sur eux, en tuèrent bien la moitié et jetèrent les autres à fond de cale. Ainsi prirent-ils la plus grande partie de ceux qui étaient braves, et ils les conduisirent à Gênes; puis ils allèrent les vendant en Pouille, en Calabre, à Naples, enfin partout. Et de ceux qui étaient demeurés dans les environs de Gallipoli, il n'en échappa pas un; car l'empereur y envoya beaucoup de troupes de Constantinople qui les tuèrent tous. Voyez donc avec quelle fourberie, avec quelle déloyauté les Turks furent exterminés par les Génois; de sorte qu'il n'en échappa que ceux qui avaient été transportés dans la première traversée. Et les hommes de notre Compagnie en furent très affligés quand ils l'apprirent, et voilà quelle fut la fin de ces malheureux qui, à leur male heure, se séparèrent de la Compagnie (1). »

(1) Nicéphore, ici guide peut-être plus exactement renseigné, ne raconte pas comme Muntaner ce départ des Turks. Suivant le chroniqueur byzantin, après s'être séparés des Catalans déjà à Kassandreia parce qu'ils ne voulaient pas aller plus avant en

L'extraordinaire domination des Catalans et de leurs ducs sur ces vieilles et fameuses cités d'Athènes et de Thèbes devait durer quatre-vingts ans (1)! Quatre-vingts ans durant ces ducs

Occident, les Turks, emportant leur part de butin et de prisonniers, se divisèrent en deux bandes sous leurs deux chefs Melek et Khalyl. Melek et ses cavaliers, qui, après avoir reçu le baptême chrétien et touché la solde du basileus, avaient finalement renoncé à l'un et à l'autre, n'osant plus retourner en Grèce, allèrent au nombre de mille cavaliers et de cinq cents fantassins prendre du service auprès du krale de Serbie. L'autre bande, sous le commandement de Khalyl, composée de treize cents cavaliers et de huit cents fantassins, chercha bien à traiter avec les Grecs pour pouvoir repasser en Asie. Mais le récit de Nicéphore Grégoras diffère de celui de Muntaner, en ceci que le chroniqueur grec raconte comment ceux-là ne furent victimes de la trahison des Génois qu'après qu'ils se furent maintenus victorieusement en Thrace durant plus de deux ans contre toutes les forces byzantines. L'archevêque Daniel II de Serbe raconte à peu près de la même manière le départ des Turks de Melek. Il est cependant un fait certain, c'est qu'une grande partie de ces mercenaires accompagnèrent les Catalans jusqu'au bout et prirent part, nous l'avons vu, à la bataille du lac Copaïs.

(1) Voici quelques noms et quelques dates : en 1312, le roi de Sicile, don Fadrique, désigna son second fils Roger Mainfroy pour chef du nouvel État, chef de la Compagnie et duc d'Athènes. Comme ce prince était encore tout enfant, trop jeune pour être envoyé à Athènes, son père désigna, après la fin de l'administration de Roger Deslaur, pour représenter l'Infant en tant que capitaine et seigneur, le chevalier Bérenger Estanyol, « lequel gouverna l'ost avec sagesse très longtemps, très bien et très sagement, en chevalier expérimenté qu'il était, et y fit beaucoup d'autres faits d'armes ». Après quatre ans, Estanyol mourut. Après

étrangers firent chanter le *Te Deum* dans le
Parthénon splendide, alors encore presque
intact, dans le temple auguste de Minerve
transformé en une église de la Vierge Toute
Sainte, la Panagia Atheniotissa !

la courte administration provisoire de Guillaume Thomas, il eut
pour successeur dans sa charge de capitaine général et gouverneur du duché d'Athènes le propre fils naturel du roi Fadrique,
don Alphonse Fadrique d'Aragon. Celui-ci, débarqué en 1317,
gouverna sagement la Compagnie et le duché. Puis l'infant
Roger Mainfroy mourut le 9 novembre de cette même année 1317,
et le seigneur roi fit dire à ceux de la Compagnie qu'ils eussent à
reconnaître dorénavant pour chef et commandant ce même
Alphonse Fadrique, son fils naturel, lequel avait épousé la charmante fille de Boniface de Vérone, héritière de l'île d'Égine, de
la seigneurie de Karystos et de treize autres châteaux en Eubée.
Alphonse Fadrique administra le duché treize années durant
jusqu'en 1330, au nom de Guillaume II, troisième fils légitime du
roi Fadrique son père, encore tout enfant. Il conquit la Phthiotide
et presque toute la Thessalie et l'annexa au duché d'Athènes sous
le nom de duché de Néopatras. Il eut pour successeur jusqu'en
1335 Nicolas Lancia. Guillaume II d'Aragon, duc d'Athènes et de
Néopatras, mourut en 1338 à Palerme. Il eut pour successeur
d'abord son dernier frère, le jeune et vaillant marquis Jean de
Randazzo, duc d'Athènes et de Néopatras sous le nom de Jean II
d'Aragon-Randazzo, puis, à la mort de celui-ci en 1348, Frédéric I{{er}}, fils de Jean, sous le nom de Frédéric I{{er}} d'Aragon-Randazzo. Aucun de ces ducs ne visita Athènes, qu'ils faisaient administrer par des gouverneurs.

Frédéric I{{er}}, mort de la peste à Catane en 1355, eut pour
successeur son neveu Frédéric II d'Aragon, lequel devint bientôt
après, par la mort de son frère, le roi Louis, roi de Sicile sous le
nom de Frédéric III, et réunit alors à cette couronne les deux

Après eux vinrent des Italiens enrichis, les Acciaiuoli de Florence, qui, eux aussi, furent ducs d'Athènes jusqu'à ce que la conquête de Constantinople par Mahomet II eût entraîné celle de toute la Grèce de 1458 à 1460 (1) !

duchés d'Athènes et de Néopatras. Ce fut depuis lors que les rois de Sicile ajoutèrent à leur titre royal celui de ducs d'Athènes et de Néopatras. Jacques Fadrique, Gonzalve Ximénès de Arenos, Matteo de Moncada, Roger Ier de Loria, Matteo Peralta, Louis Fadrique furent successivement vicaires généraux à Athènes pour Frédéric III. Ce prince mourut le 27 juillet 1377. Nerio Acciaiuoli, d'origine italienne, châtelain de Corinthe, s'empara de l'Acropole en 1387, après un siège de quatre ans La domination des Catalans sur l'Attique fit alors place à celle des Acciaiuoli de Florence jusqu'à la conquête turque survenue de 1458 à 1460.

(1) Un savant écrivain espagnol, D. Antonio Rubió y Lluch, dans un Mémoire lu à l'Académie « *de Buenas Letras* » de Barcelone en 1883 (*La Expedicion y Dominaciôn de los Catalanes en Oriente jusgadas por los Griegos*), a fait une enquête curieuse sur les souvenirs de la grande expé ition catalane demeurés dans les traditions et les chansons populaires en Grèce Ce qui domine absolument, c'est le souvenir de l'effroyable cruauté des Catalans, de leur éclatante vengeance, de la terreur qu'ils inspiraient !

« Que la vengeance des Catalans t'atteigne » a été bien long-temps en Grèce et en Rouméli la plus terrible des malédictions. Encore de nos jours, dans certaines contrées de la Grèce, en Eubée par exemple, pour reprocher à quelqu'un un acte illicite ou injuste on dit : « Les Catalans eux-mêmes n'eussent pas agi de la sorte. » En Acarnanie, encore aujourd'hui, le nom de « Catalan » est synonyme de « sauvage », « larron », « malfaiteur ». Pour insulter quelqu'un et lui reprocher ses sentiments grossiers ou sanguinaires, on l'appelle « Catalan » M. Rubió y Lluch cite de nombreux exemples tirés de toutes les provinces du monde grec. Le nom de Catalan est encore aujourd'hui considéré à Athènes comme la plus sanglante insulte appliquée à un homme barbare ou cruel. « Catalane », Κατάϊνη, est en Morée la pire injure qu'on puisse adresser à une mégère, à quelque virago grossière et malfaisante. M. Rubió y Lluch cite dans des chansons populaires du moyen âge hellénique mainte allusion aux terribles Catalans. Leur glorieuse et sanglante aventure au début du quatorzième siècle, outre de nombreux p ètes et écrivains espagnols, a inspiré de même les poètes grecs modernes, tels MM. Spiridion Lambros et Marino Koutoubali.

Les monuments du passage des Catalans à travers l'empire byzantin et de leur domination de près de quatre-vingts ans en Attique ont par contre totalement disparu. Il est probable qu'ils ne furent jamais qu': peu nombreux. Cette république de routiers ne s'occupait guère de construire, ni de créer. On ne connaît d'eux ni sceaux, ni monnaies, sauf une seule exception très douteuse. Ce que M. Rubió y Lluch dit aussi d'une « Panagia » catalane, fresque retrouvée en 1849 dans les ruines de l'église Saint-Élie à Athènes, est peu concluant, malgré la tradition qui considère cet édifice comme fondé sous les ducs espagnols. Un certain nombre de familles en Grèce et dans les îles portent encore le nom patronymique de Catalan, Κατάϊνος, Κατάϊνος, Κατάϊνος. Les Archives de Venise, de Palerme surtout, quelques autres dépôts encore, contiennent de précieux documents concernant les actes de la Compagnie, mentionnant ses négociations avec Venise, les Angevins, Thibaut de Chepoy, les Grecs ou les princes francs d'Attique ou de Morée. Feu K. Hopf a tiré de ces précieux documents le plus utile parti.

FIN

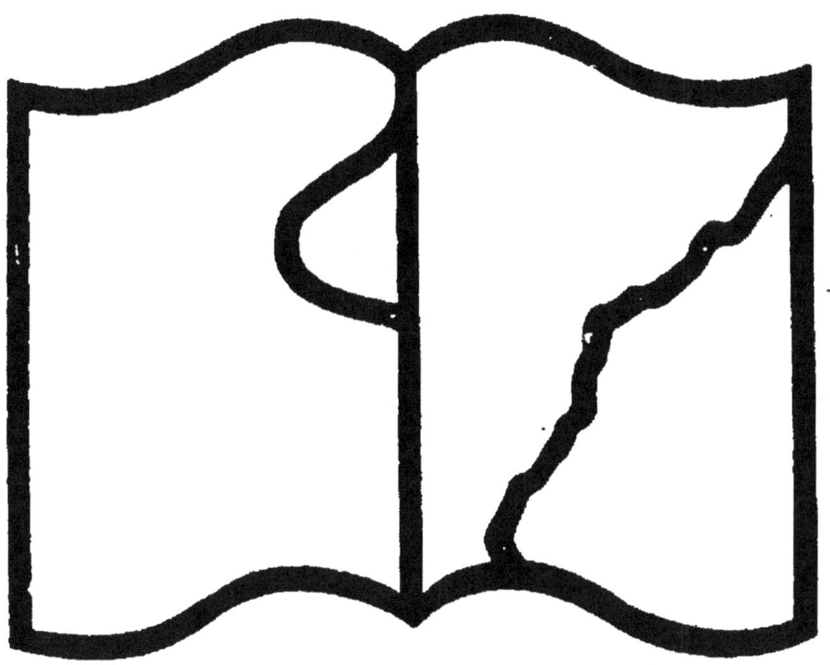

Texte détérioré — reliure défectueuse

NF Z 43-120-11

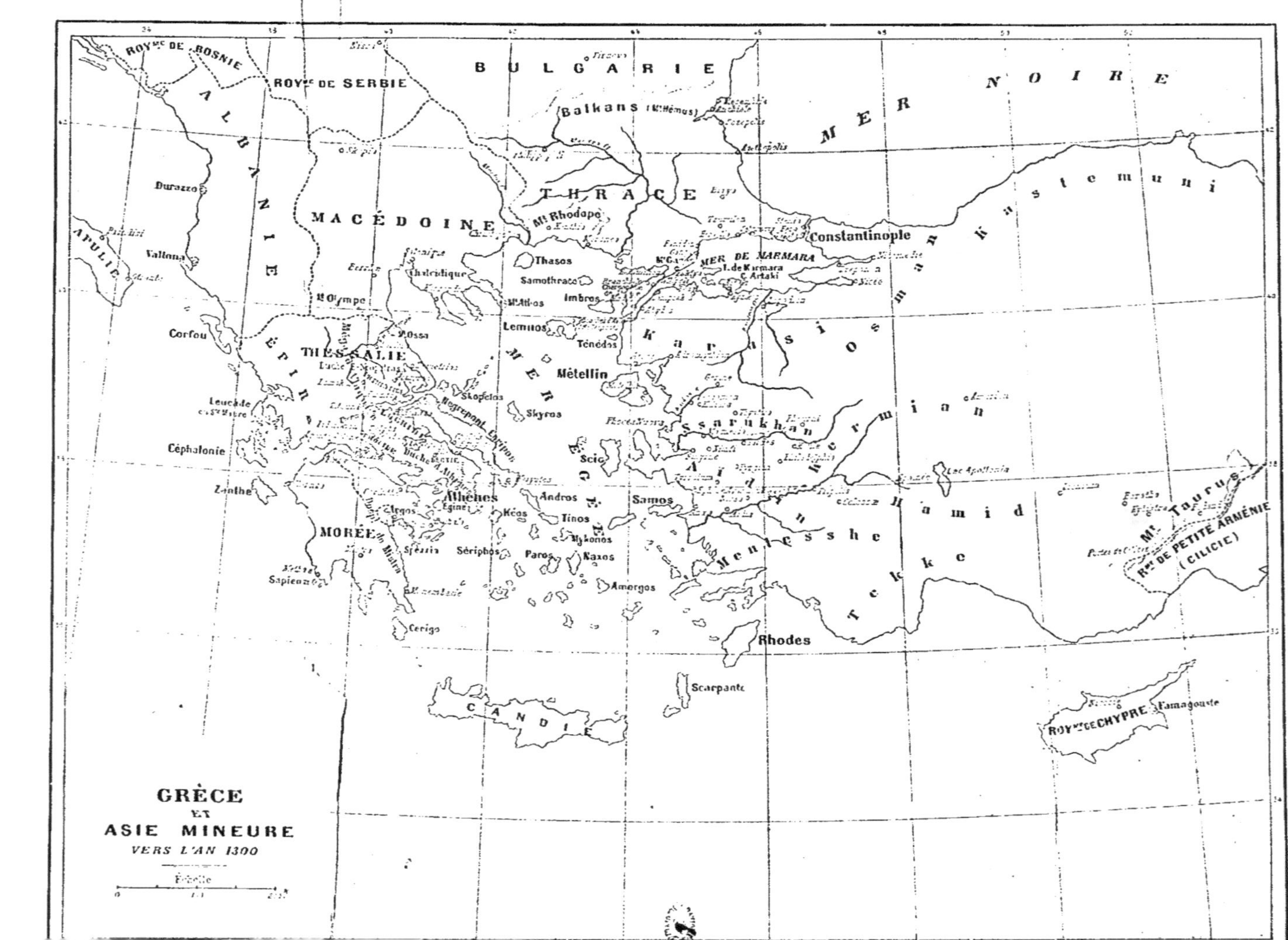

GRÈCE
ET
ASIE MINEURE
VERS L'AN 1300
Échelle
ROYᵐᵉ DE BOSNIE
ROYᵐᵉ DE SERBIE
BULGARIE
MER NOIRE
ALBANIE
MACÉDOINE
THRACE
Kastemuni
Durazzo
Vallona
APULIE
Balkans (t. Hémus)
Mt Rhodope
Constantinople
MER DE MARMARA
I. de Kirmara
C. Artaki
Thasos
Samothrace
Imbros
Mt Athos
Lemnos
Ténédos
Karasios
ÉPIRE
Mt Olympe
Corfou
Mt Ossa
THESSALIE
MER
Métellin
Skopélos
Skyros
Ssarukhan
Kermian
ÉGÉE
Scio
Aidin
Leucade
C. St Pierre
Céphalonie
Zanthe
Négrepont
Euripos
Athènes
Eginet
Argos
Andros
Kéos
Tinos
Samos
Hamid
Lac Apollonia
MORÉE
Mistra
Séphos
Mykonos
Sériphos
Paros
Naxos
Amorgos
Menlesshe
Teke
Mt Taurus
ROYᵐᵉ DE PETITE ARMÉNIE
(CILICIE)
Sapienzo
Cerigo
Rhodes
Scarpante
CANDIE
ROYᵐᵉ DE CHYPRE
Famagouste

TABLE DES MATIÈRES

CHAPITRE VI

CHAPITRE VII

FIN DE LA TABLE DES MATIÈRES

PARIS. TYP. PLON-NOURRIT ET Cⁱᵉ, 8, RUE GARANCIÈRE. — 3059.